人文社会科学通识文丛 | 总主编◎廖　进

关于建筑学的100个故事

100 Stories of Architecture

金宪宏◎编著

南京大学出版社

图书在版编目(CIP)数据

关于建筑学的100个故事 / 金宪宏编著. —南京：
南京大学出版社,2010.4(2017.10重印)
(人文社会科学通识文丛 / 廖进总主编)
ISBN 978-7-305-06882-9

Ⅰ.①关… Ⅱ.①金… Ⅲ.①建筑学-青少年读物
Ⅳ.①TU-49

中国版本图书馆CIP数据核字(2010)第055568号

本书经上海青山文化传播有限公司授权独家出版中文简体字版

出 版 者 南京大学出版社
社　　址 南京市汉口路22号　　邮　　编 210093
网　　址 http://www.NjupCo.com
出 版 人 左　健

丛 书 名 人文社会科学通识文丛
总 主 编 廖　进
书　　名 关于建筑学的100个故事
编　　著 金宪宏
责任编辑 李海霞　　　　编辑热线 025-83595720

照　　排 南京南琳图文制作有限公司
印　　刷 南京人文印务有限公司
开　　本 787×960 1/16 印张18.75 字数326千
版　　次 2010年4月第1版 2017年10月第4次印刷
ISBN 978-7-305-06882-9
定　　价 45.00元

发行热线 025-83594756
电子邮箱 Press@NjupCo.com
Sales@NjupCo.com(市场部)

《人文社会科学通识文丛》编审委员会

序 言

建筑,对所有人来说都不陌生,我们每天都进出于各式各样的建筑。但你有没有想过,所有的事物背后都有着自己的故事,所有的建筑背后也有着许许多多的故事。那么建筑学的故事,究竟是什么?

雨果说,建筑是"用石头写成的史书",歌德说,建筑是"凝固的音乐"。那些不同时期、不同风格、错落有致的建筑,就像是乐谱上高高低低跳动的音符,它谱写的乐章就是建筑学的故事。建筑就是一种让你不可抗拒和不能逃避的艺术。

在我的理解里,建筑甚至可以用马斯洛需求层次理论来解释,它已经不再是单纯为了满足人类遮蔽风雨的基本需求而建,建筑师们也开始考虑一些社会需求问题,最终也是为了自我实现,根据气候、文化、种类、信仰、经济……所有可以想到的不同,来实现自己的建筑理念。

这本书与其说是对建筑刻意的解释,不如说是浅显的描述。书中所选择的建筑只不过是建筑历史中的沧海一粟,大致根据不同种类的建筑风格分年代整理,其中当然不乏公用建筑、宗教建筑、宫廷建筑等。既然是建筑学的故事,那就不得不提到那些与建筑学息息相关的学科,或者说是笼罩在建筑学科下的那些细胞。或许书中所介绍的建筑并非大家之作,甚至有些尚未建成,却足以代表建筑的某些特质。

建筑是公平的,对每个人来说都一样,它作为一个具体的实物不可逃避地展现在每个人的面前,因此我们都有机会了解它的真相和背后的故事。对建筑的理解各人有不同,而这里只是一些关于建筑的小故事。作为对建筑的一种审视,这仅仅只是一个开始,再多的100也不足以完全介绍建筑这种实用而美的艺术。书中的介绍,只能让您认识和了解些许建筑风格、结构、设计中的基本常识,但只要它们能带来哪怕一点点的感动和欣喜,让人得窥建筑的美丽与经典,亦足以为慰。

第一篇　建筑历史

第二篇　建筑设计理论与流派

第三篇 建筑科学与文化艺术

第四篇 建筑人文

第一篇

建筑历史

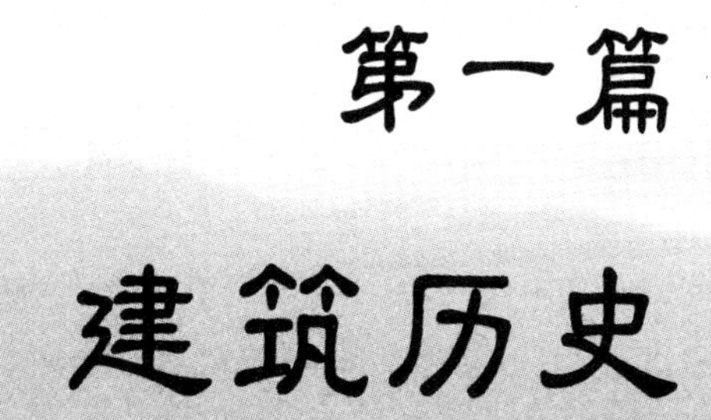

索尔兹伯里平原上的巨石阵
——史前建筑

巨石阵原来可能只是个纪念碑,但这些具有魔力的石头被搬来之后,这里就变成了新石器时代伤病者的朝圣地。

——考古学家杰弗里·韦恩莱特

距离英国首都伦敦120多公里,在英格兰威尔特郡索尔兹伯里平原上,有一块吸引着全世界目光的地方——它就是巨石阵。美丽安宁的绿色平原上,突兀地竖立起了巨大的石块,它以凝重怪异的造型,向全世界昭示着属于史前建筑独特的美感。

公元1130年,英国一位神父因事外出,他独自一人散步于空旷的平原,眼前的美景让他渐渐偏离了往常的路径,踏入了新的所在。于是,一片让他目瞪口呆的景色呈现在他面前。这是一片巨大的石建筑群,由许多整块的蓝砂岩组成,每一个石块都重达数十吨,最高的石块高达八米,最矮的也有四米多高。有些巨石被安放在两根石柱之上,形成门型,所有的石柱被排成完整的同心圆,安静地伫立于空旷的原野上。

被眼前景色吓呆的神父并没有忘记将他偶然的发现宣扬出去，很快，无数的人们纷至沓来，膜拜并探究这神秘而古老的建筑，各式各样的传说也开始口耳相传。有人说，它是巫师墨林力量的遗迹，因为在公元 8 世纪，文物家内尼厄斯编撰的《不列颠史》中曾记载，巫师墨林曾经从爱尔兰召唤来了许多神秘的巨石，并将之安置在威尔特郡的石灰山上，祭祀阿瑟王的部下。还有人说，这是古代督伊德教（古时高卢人与不列颠人的宗教）用来向太阳神献祭的场所。

各种神秘的传说给巨石阵蒙上了更多神秘的色彩。人们始终无法明白，究竟是什么让工具简陋的史前人类，可以将这巨大的石块从遥远的南威尔士彭布罗克郡的普雷赛利山脉千里迢迢运到这里，又究竟是什么让他们耗费了上千年的时间来建造这神秘的奇迹。

到了 17 世纪，詹姆斯一世的首席宫廷建筑设计师英尼格·琼斯给了巨石阵新的解释："这是具有科学价值的首批建筑物之一。"他的解释或许粗浅，但却开启了巨石阵研究的新篇章，人们开始以现代科学的眼光来看待这数千年前的建筑。

越来越多的线索被发现。研究显示，巨石阵的主轴线、通往石柱的古道和夏至日早晨初升的太阳，在同一条线；另外，其中还有两块石头的连线指向冬至日落的方向，也就是说，它很有可能是为了观测天象所建造的。而在巨石阵附近，人们又发现了一座巨型墓地，还有许多的墓葬用品散布于巨石阵周围，因此人们又推测，这座巨石阵或是墓地，或是古人为了祈求健康的朝圣之地。

了解的越多，疑问也越多。巨石阵的修建究竟是为了什么也许将永远是一个谜，但有一点却是无法否认的，它是英国唯一的史前建筑，也是世界上绝无仅有的建筑奇迹。

人类的建筑历史同样都是从穴居开始起步的。但是，当人口增多，人类进一步发展的时候，人类开始走出洞穴，寻找新的居住方式。从这个时候开始，各个地区的居住方式开始发生了变化。人类在自己的身边寻找最多也最好用的材料，而因为自然环境的不同，人类的居住开始各自有了不同的走向。

两河流域的人们，从穴居转向了他们所拥有的更丰富的材料——泥土，于是他们发明了砖，并建造起了房屋。

而在森林茂密、平原较少，以畜牧业为主的欧洲，人们则转向了用树木搭建棚子，这种树木棚是把差不多长短的树木捆成一圈，然后将顶端聚拢来，搭上各种小树枝、树叶和动物皮毛而成的房子。但是，当时的人们很快就发现，树木建造出来的房子不够坚固，于是，他们将目光转向了另外一种坚固耐用的材料——石块。索尔兹伯里平原上的巨石阵就是其典型代表了。

而这个时候在遥远的东方，以生活在中国为主的原始人也从洞穴走了出来，但他们所利用的技术则是夯土和木材。

不同的选择定下了各个地区不同的建筑材料和建筑风格。两河流域多是砖土建筑，而欧洲则是保存最完好的石建筑，在中国则以木结构建筑为主。从此，各个地区的建筑开始顺着不同的流向发展，直至兴盛。

史前时代留下了许多特别的巨石建筑群，它们都用庞大的石块砌筑而成，拼接完美，高大雄伟，有着至今也无法解释的深刻意义。

史前建筑代表：

法国布列塔尼半岛的巨石遗迹

马耳他岛巨石阵

永恒金字塔
——古埃及建筑

人类惧怕时间,而时间惧怕金字塔。

——古埃及谚语

提到埃及,大多数人第一个想到的一定会是金字塔。这个古老神秘的建筑,已经成为了一种神圣的象征,它一直伫立在那里,似乎已经超越了时间大神的魔力,永远不会老去。

“天空把自己的光芒伸向你,以便你可以去到天上,犹如拉的眼睛一样。”古代埃及太阳神“拉”的标志是太阳光芒,而金字塔象征的正是刺破青天的太阳光芒。当你在金字塔横线的角度上向西方看时,可以看到金字塔洒向大地的太阳光芒。

在赫利奥波利斯的阿蒙提神庙,有一小型锥体石块,外用铜和金箔包住,在阳光下闪闪发光,那就是太阳神的象征。后来,古埃及人把此形状扩大数千万倍,屹立在沙漠之中,再把这种包有铜或金的石头放在金字塔顶,将太阳的光辉投射到国王的土地上,以领受太阳神的恩泽。

其实,金字塔的独特建筑风格并不是一蹴而就的。传闻在古埃及第三王朝之前,埃及的坟墓还是一种用泥砖砌成的长方形的坟墓,无论是法老还是平民,都被葬入这种叫"马斯塔"的陵墓。后来,有个叫伊姆荷太普的年轻人成为了埃及法老大赛王的坟墓设计者,经过思考,他发明了一种新的建筑方法,用山上采下的方形石块代替泥砖,并且将陵墓的形状设计成了一个六级的梯形金字塔。这是一座高大的角锥体建筑物,底座为四方形,每个侧面是三角形,样子就像汉字的"金"字,所以我们叫它金字塔。而这座塔式陵墓就是埃及历史上的第一座石质陵墓。

从此,金字塔成为了古埃及奴隶制国王的陵寝。这些法老们不仅活着时统治人间,还幻想着死后成神,主宰阴界。因此,当法老死后,人们便会取出他的内脏,将尸体以防腐剂浸泡,加入香料,以便将尸体长久保存,并称之为木乃伊,而金字塔,就是存放法老木乃伊的陵寝。现在,埃及境内保存至今的金字塔共96座。因为古埃及人认为死者的城镇就在太阳落下的西方,而且建造金字塔所需的石块都需要靠船从尼罗河运来,所以大部分的金字塔都位于尼罗河西岸的沙漠边缘。在众多金字塔中,最为著名的是吉萨金字塔群,它位于开罗西南约13公里的吉萨地区,这组金字塔分别为古埃及第四王朝的胡夫(第二代法老)、(第四代法老)和孟考勒(第六代法老)所建。

对古埃及人来说,法老正是太阳神在人间的代表。人们把对太阳神的崇拜寄托在法老身上,古埃及人深信法老是人间的神,他引导战争胜利、主持正义。所有出色的雕刻家、泥瓦匠以及数不尽的奴隶们花费多年来建设法老的坟墓,因为他们相信若能为他们的法老建起一道通往天堂的阶梯,那么来生他也会保护他们。正是这种单纯的宗教信念,激励着古埃及人不断创新并取得了炉火纯青的工艺。而今天我们能看到的金字塔,外形庄严、雄伟,与周围的环境浑然一体,内部结构复杂多变、匠心独具,这些正是当年的建造者非凡智慧的凝聚,它们历经数千年沧桑而不倒,显示了古代不可思议的高科技水平和精湛的建筑艺术。

古埃及建筑分为三个时期:

1. 古王国时期的建筑。这个时期的建筑多有着庞大的规模、简洁稳定的集合形体、明确的堆成轴线和纵深的空间布局。这个时期的建筑以金字塔为代表。

2. 中王国时期的建筑。采用梁柱结构,建造出了较为宽敞的内部空间。这个时期的建筑以石窟陵墓为代表。

3. 新王国时期的建筑。主要有围有柱廊的内庭院、接受臣民朝拜的大柱厅和只许法老和僧侣进入的神堂密室3部分。这个时期的建筑以神庙为代表。

古埃及建筑简约、雄浑,其风格的主要代表是柱式。古埃及人有一套完整的关于柱子形制的理论,比如柱高和柱径的比、柱径和柱间距离的比等等,他们都做了详细的规定。这套理论对后世建筑影响极大,直到现代建筑兴起之前,对柱式掌握的好坏还决定着建筑的好坏。

古埃及建筑代表:

公元前2000年　曼都赫特普三世墓(Mausoleum of Mentu-Hotep III)

始建于公元前15世纪　哈特谢普苏特陵墓(Hatshepsut)

公元前14世纪　卢克索神庙(Luxor Amon Temple)

巴比伦空中花园
——古西亚建筑

从壮大与宽广这一点看，空中花园显然远不及尼布甲尼撒二世宫殿或巴别塔，但是它的美丽、优雅以及难以抗拒的魅力，却是其他建筑所望尘莫及的。

公元前600年，古巴比伦国王尼布甲尼撒二世(Nebuchadnezzar II)迎娶了他的妻子，来自北方王国米提的安美依迪丝(Amyitis)。公主美丽高贵，举止得宜，尼布甲尼撒二世对她宠爱万分，视如珠宝。然而，新婚燕尔几个月之后，国王却发现，公主常常独自落泪，愁眉不展，问了之后才知道，公主思念家乡了。

巴比伦空中花园遗址

国王明白，公主的家乡在肥沃的北方国度，那里雨水充沛，花木繁茂，而巴比伦是个平原上的国度，且终年少见雨水，只依靠幼发拉底河给养，很少能见到绿地，两地景色大相径庭。公主初到异地，难免思念故土。看着公主郁郁寡欢的表情，国王叹道："你故乡的景色确实远胜巴比伦。"说到这里，他忽然灵光闪现，"既然爱妃思念故土，那何不在此地重建你故乡的景色?"公主听到此言，惊喜地问："这是真的吗?"

国王并没有食言，他很快就下令在此地建造一座与公主故乡景色相似的花园，供公主赏玩。就这样，世界七大奇迹之一的空中花园被建造出来了。

因公主生活在丘陵地带，层峦叠嶂，因此国王特地建造了一座层层叠叠的阶梯型花园。这个花园高出地面20多米，类似一座层叠的平台建筑，每一层都被种上从各地收集而来的奇花异草，开辟了蜿蜒曲折的花间小道，甚至还有潺潺流水的小溪。因为巴比伦终年少雨，为了灌溉植物，工匠们竟然设计出了一套完整的灌溉装置。这套装置需要奴隶们不停地推动连接着齿轮的把手，使机械装置从幼发拉底河中抽来大量的河水，运到处于花园最高处的蓄水池，用以灌溉花木，或经过人工河流返回地面。而且，花园的砖块中都被加入了铅，以防被河水腐蚀。

公元前 3 世纪，曾有人这样记载空中花园的盛况："园中种满树木，无异山中之国，其中某些部分层层叠叠，有如剧院一样，栽种密集枝叶扶疏，几乎树树相触，形成舒适的遮阴。泉水由高处喷泉涌出，先渗入地面，然后再扭曲旋转喷发，透过水管冲刷旋流，充沛的水汽滋润树根土壤，使之永远保持湿润。"整座花园高高耸立于平坦的巴比伦平原之上，如同缓缓升起的巨大绿色都市，充满着让人仰视的高贵与骄傲，让所有看到它的人不能不为之顶礼膜拜。

遗憾的是，这人手所创造出的奇迹已经被历史的烟尘所湮没，但它的神秘与瑰奇，值得人们耗尽全部的精力去探寻。

古西亚建筑又称两河流域建筑，大约指公元前 3500 年至公元前 4 世纪的建筑。它包括早期的阿卡德—苏马连文化，以及后来的古巴比伦王国（公元前 19 ~ 前 16 世纪）、亚述帝国（公元前 8 ~ 前 7 世纪）、新巴比伦王国（公元前 626 ~ 前 539 年）和波斯帝国（公元前 6 ~ 前 4 世纪）。

巴比伦空中花园复原图

西亚地区文化交流较多,因此建筑的类型和形式也较为多样,其风格明快开朗,建筑装饰手法更为丰富多采,具有较强的世俗性。因当时人崇拜山岳、天体,故古西亚的建筑多为观象台。

西亚地区少见砖石和树木,因此此地的建筑多从夯土墙开始。人们发明了夯土、土坯砖、烧砖筑墙技术等,并创造出了拱、券和穹窿结构,这些都是长久以来欧洲石头建筑的主要形式,在公元7世纪又被伊斯兰建筑所继承。

西亚人多以沥青、陶钉、石板贴面及琉璃砖保护墙面,使材料、结构、构造与造型有机结合,创造出了以土作为基本材料的结构体系和用彩色玻璃面砖装饰墙面的方法,此种做法也被伊斯兰建筑所继承。

古西亚建筑代表:

公元前8世纪 亚述帝国的萨艮王宫(The Palace of Sargon Chorsabad)

公元前7世纪 后巴比伦王国的新巴比伦城(Babylon)

公元前518年 波斯帝国的帕赛玻里斯王宫(The Royal Palace at Persepolis)

弥诺斯的迷宫
——古希腊建筑

希腊建筑如灿烂阳光普照的白昼。

希腊建筑代表着明朗和愉快的情绪。

——恩格斯

在3 000多年以前,弥诺斯王统治着克里特岛。在他的统治下,岛上的生活安定富足,这也使得弥诺斯王有些骄傲自满起来。这年,又到了按照约定向海神波塞冬献祭的日子,然而,志得意满的弥诺斯王觉得他根本不用依赖海神的庇佑,于是他违背了对海神的承诺,没有献上祭品公牛。

海神波塞冬恼羞成怒,决意报复傲慢的弥诺斯王。他化身成一头矫健的白色公牛,偷偷潜入弥诺斯的王宫,勾引了弥诺斯王的妻子帕西法厄王后。不久,王后生下了一个牛首人身的怪物弥诺陶洛斯。

弥诺斯王羞愤万分,但碍于面子,不敢宣扬,于是他找来了岛上最出色的工匠代达罗斯,命令他建造一座世界上最繁复的迷宫。迷宫的入口在地面上,但从入口往里走,会越来越深入地下,看不到一丝光亮,而弥诺陶洛斯就被藏在了迷宫的最深处,没有任何人能够看见他。

后来,弥诺斯王的另一个儿子安德洛革俄斯在阿提喀被人阴谋杀害,愤怒的国王召集军队,向雅典宣战。他得到了天神的帮助,在雅典撒播下旱灾和瘟疫,使得雅典变得一片荒凉,哀鸿遍野。为了求得安宁,雅典人向太阳神阿波罗求助,阿波罗神庙降下神谕:只要雅典人能够平息弥诺斯的愤怒,那么雅典的灾难就会立刻解除。

雅典人只好向弥诺斯求和。弥诺斯答应了雅典人的请求,但要求他们每隔9年送上7对童男童女作为代价。雅典人答应了弥诺斯王的要求,而献上的童男童女则被关入迷宫中,作为弥诺陶洛斯的食物。

就这样,21年过去了,今年又将有7对童男童女被迫踏上死亡的旅程。被选

弥诺斯迷宫遗址

中孩子们的父母无法忍住哀伤，他们哭泣着，抱怨这残酷的命运，悲伤的哭泣传到王子忒修斯的耳中，让他无法漠视即将失去生命的子民。于是，王子召集了臣民，宣布说他将带领这些童男童女们前去，而且他发誓自己能够打败可怕的弥诺陶洛斯，保护童男童女们的安全。

纵然不愿，国王还是答应了王子的请求，他拿出一张白帆，要求王子如果平安归来，就将以往惯于挂着的黑帆换成白帆，如果王子不幸去世，那就继续挂着黑帆。

临行前，年轻的王子带领着被抽中的童男童女们来到阿波罗神庙，献上白羊毛缠绕的橄榄枝，祈求神的庇佑，特尔斐的神谕曾告诉他，他应该选择爱情女神作他的向导，于是，他向爱情女神阿佛洛狄忒献祭，然后踏上了旅程。

对爱神的祈祷很快就奏效了。来到克里特的忒修斯王子，很快就吸引了一个人的目光，她就是弥诺斯国王的女儿阿里阿德涅。公主倾吐了她对忒修斯王子的爱慕之情，并交给他一把锋利的宝剑和一个线团，教他走出迷宫的方法。

忒修斯来到迷宫，他将线团的一端拴在迷宫的入口处，然后放开线团，沿着迷宫一直向里走去，在迷宫的最深处，他依靠着那把锋利的宝剑杀死了可怕的弥诺陶洛斯，又顺着线团的方向走出了迷宫。

平安无事的忒修斯带着阿里阿德涅公主和童男童女们逃离了克里特岛，踏上了回家的旅程。然而，因为胜利的喜悦让他们太过兴奋，王子竟然忘记了将黑帆换成白帆，而一直在海岸边等待儿子归来的父亲，看到的却是代表孩子不幸去世的黑帆，悲伤过度的他无法接受丧子的哀痛，纵身跳入了大海。为了纪念这位爱琴国王，从此人们就称这片海为爱琴海。

古代希腊是欧洲文化的摇篮，也是西欧建筑的发源地之一。因为处在萌芽时期，此时的建筑类型较少、形制简单，结构也相对幼稚。古希腊纪念性建筑在公元前 8 世纪大致形成，公元前 5 世纪臻于成熟，公元前 4 世纪时，古希腊建筑进入了一个形制和技术更广阔的发展时期。

古希腊建筑的风格多和谐、完美、崇高，其代表作品为神庙和公共活动场所。最能体现古希腊建筑特征的是“柱式”，最主要的有三种，即多立克式、爱奥尼亚式和科林斯柱式。

多立克式柱是希腊古典的柱式之一，因为外形比例依男子体型而建造，所以又被称为男性柱。一般比例为：柱下径与柱高的比例1：5.5，柱高与柱直径的比例4（或6）：1。其特点就是不设柱础，柱身粗大而雄壮且设有20条凹槽，柱头不加任何装饰。著名的帕特农神庙即是这种柱式。

爱奥尼亚式柱身有24条凹槽，柱头有一对向下的涡卷装饰，纤细柔美，因此也被称为女性柱。雅典卫城的胜利女神神庙和伊瑞克提翁神庙即是这种柱式。

科林斯柱式柱头用毛茛叶做装饰，形似盛满花草的花篮，而且它比爱奥尼亚式柱更为纤细，装饰性更强。雅典的宙斯神庙采用的是科林斯柱式，但这种柱式在希腊也并不多见。

古希腊建筑代表：

公元前449～前421年 阿西娜胜利神庙（Temple of Athena Nike）

始建于公元前447年 帕特农神庙（Parthenon Temple）

始于公元前3世纪希腊化时期 阿索斯广场（Assos Square）

太阳王城
——古罗马建筑

巴勒贝克保留了罗马时代的宗教性，那时太阳神朱庇特神殿吸引了成千上万的朝圣者。巴勒贝克以其庞大的结构成为罗马帝国建筑的典范。

——世界遗产委员会评价

在黎巴嫩贝鲁特东北80多公里，贝克谷地山麓，有一座被称为太阳之城的神秘城市，它就是巴勒贝克。巴勒即是“太阳神”的意思，而贝克则是“城”的意思。

《圣经》中曾经提到，5 000年前以色列王所罗门建造了一座城市，有人认为它就是远古时期的巴勒贝克，因为建造巴勒贝克的石头和犹太人建造的所罗门庙十分相似。这个问题虽无定论，但却为巴勒贝克添加了更多悬疑而神秘的气质。

所罗门时代结束后，腓尼基人成了叙利亚的统治者，他们选择了巴勒贝克来建造庙宇以供奉太阳神巴勒。有证据显示，当时曾经有一支亚述人的军队在地中海沿岸活动过，但是却鲜有关于巴勒贝克的记载，可见当时的巴勒贝克不像腓尼基人的其他城市那样有名。这就表示，它当时可能只是作为一个宗教圣地，而不是政治经济的中心。

根据公元1世纪历史学家的记载，亚历山大在进军大马士革的路上，曾经路过巴勒贝克，并占领了它，将其改名为希利奥波利，意即“上帝之城”，这个名字来源于古希腊神话。亚历山大死后，腓尼基人又被埃及的托勒密王朝和叙利亚的塞琉古王朝统治，埃及的托勒密王朝想藉此来为它与地中海东部地区建立文化和宗教的纽带，在埃及也修建了一个同名的圣地。

希利奥波利的黄金时期的到来，是在罗马帝国时期。凯撒认识到巴勒贝克的宗教和军事的重要性，所以专门在这里驻军并开始修筑朱庇特神殿。万名奴隶对神庙进行日以继夜的扩建，在这里建造起一个庞大的宗教建筑群，里面供奉了万神之神朱庇特、酒神巴卡斯和爱神维纳斯。

接下来的3个世纪中，每一个继位的君主都要继续希利奥波利的建筑工作，将这里变成了蔚为壮观的城市。这种尊贵的地位一直持续到公元3世纪，基督教被定为罗马的正教，紧接着拜占庭的基督教国王以及他们贪婪的士兵亵渎了大量异教徒的圣地，巴勒贝克也未能幸免。公元4世纪末，国王希欧多尔修斯破坏了大量的建筑和雕像，并且用朱庇特神庙的石头建造了一座基督教堂。这一举动象征着希利奥波利的终结，太阳之城遭破坏并慢慢被人淡忘。

巴勒贝克遗址

634年，穆斯林的军队进驻叙利亚并包围了巴勒贝克，他们在这里建造了一座清真寺，并将其作为大本营。在接下来的几个世纪，巴勒贝克以及它的宗教被各式各样的伊斯兰教政权统治，后期又遭遇鞑靼的入侵和几次大地震的破坏，最终成为了荒废的遗迹。

1700年，欧洲探险者发现了这些遗迹。1898年，德国皇帝威廉二世推动了这些远古庙宇的第一次修复工作，从此，对这座古老圣迹的修复和考古工作，正式提上了日程。今天的巴勒贝克，正依靠着考古学家的双手，向人们重现着那段古老而复杂的历史。

古罗马建筑兴盛于公元1～3世纪，它是古罗马人学习亚平宁半岛上伊特鲁里亚人的建筑技术，并继承古希腊建筑成就，在建筑形制、技术和艺术方面广泛创新的一种建筑风格。

古罗马建筑的类型很多，有神庙等宗教建筑，也有皇宫、剧场、竞技场、浴场以及广场等公共建筑，还有内庭式住宅和公寓式住宅等居住建筑。

古罗马建筑的形制相当成熟，能够满足各种复杂的功能要求，其主要特征为厚实的砖石墙、半圆形拱券、逐层挑出的门框装饰和交叉拱顶结构。当时的拱券水平已经相当高，能够建造出宽阔的内部空间，同时木结构技术也得到了长足发展。古罗马建筑风格宏大雄伟，构图和谐统一，形式多样，是西方古代建筑的高峰。

从公元4世纪下半叶起，古罗马建筑渐趋衰落。15世纪后，古罗马建筑在欧洲重新成为学习的范例。这种现象一直持续到20世纪20～30年代。

巴勒贝克遗址

古罗马建筑代表：

公元前**54**～前**46**年　凯撒广场(Forum of Julius Caesar)

公元**1**世纪弗拉维王朝时期　意大利罗马竞技场(Rome Wrestle Public)

公元**120**～**124**年　意大利罗马万神庙(Pantheon)

远古的黄金帝国
——古美洲建筑

我看见石砌的古老建筑镶嵌在青翠的安第斯高峰之间,激流自风雨侵蚀了几百年的城堡奔腾下泻。

——巴勃罗·聂鲁达

如果说每座现代建筑的问世,带给人的是视觉的享受、灵感的冲击,那么,每一座古建筑的出土,填补的是历史的空白,使人们的记忆碎片得以衔接完整。它残留的轮廓给世人遐想的空间,这种古朴和硬朗,跨越千年,依然震撼着世人的心灵。

在很长的一段时间里,美洲一直被认为是缺失文明的大陆,直到1911年,失落了很多个世纪的古城马丘比丘在秘鲁被发现,一段古老的文明重见天日。人们这才发现,印第安人在南美所创造的印加文明,其辉煌丝毫不逊于古希腊文明和古罗马文明。

传说印加人崇拜太阳,自称是太阳神的子孙。太阳神赐给他们权杖,以便他们寻找定居的地方,于是,他们带着手杖离开了的的喀喀湖(Lake Titicaca),去追

寻幸福的所在。有一天,他们走到一个山清水秀的地方,那手杖忽然化风而去,他们明白了这是神的谕旨,于是就在这个地方定居了下来,这就是今天秘鲁的库斯科。而今天让人们震撼仰望的印加帝国,便是从这里开始了它古老辉煌的印记。

16 世纪,寻找黄金城的西班牙探险者来到了印加帝国,富裕的印加帝国让这群冒险者心动不已,于是他们绑架了印加帝国的国王,要求他们用可以填满一间房间的黄金来交换。印加人奉上了大量的黄金,却始终不能填满房子,当他们再次收集黄金的时候,等不及的西班牙人已经杀掉国王,带着黄金离开了。愤怒的印加人将剩下的黄金埋入地下,奔上了向西班牙人复仇的旅程,而这壮丽的城市,便从此荒废,成为了古老而神秘的传说。

这动人的传说,彷佛沉睡多年的马丘比丘城对每一代人发出的热切呼唤,等待着心有灵犀者来揭开它神秘的面纱。1911 年,美国耶鲁大学的伯姆·宾加曼教授,因为对一座叫“古老的山顶”的山的名字产生怀疑,只身爬上了 2 485 米的悬崖,就这样,一座被追寻了 4 000 年之久的古城自此重见天日。

这座城市宏伟壮观,城内街道整齐,建筑皆为大石所砌成,石头之间并没有用任何的黏合剂,却是严丝合缝,异常牢固,神殿、王宫、住宅各居其所,规划先进,城中还有测定时间的日晷,以及完整先进的水利系统。最为壮观的是那重达百吨的太阳门,它由巨石雕成,重百吨,宽 4 米,壁面光滑,浮雕精美,上刻“金星历”。而这沉重的石块是如何被运到这里来的,始终还是一个谜。

一个古老的文明,从此掀开了它的面纱,开始向人们展现它跨越时空的魅力。

古代美洲也是文明的发源地之一,其中玛雅人、印加人、托尔特克人和阿兹特克人都有各自独特的建筑文明。古代美洲建筑大概可以分为三个时期：

1. 文化形成时期（公元前1500～公元100年）。代表建筑为玛雅人用土堆成的圆锥形与方锥形金字塔。

2. 古典时代（公元100年～900年）。代表建筑为特奥帝瓦现城和玛雅人的提尔卡城。

3. 后古典时代（公元900～1025年）。代表建筑为托尔特克人的首府图拉城和在尤卡坦半岛上的奇钦·伊查城。

古美洲建筑代表：

始于公元前2500年　墨西哥玛雅建筑（Maya）

始于公元900年　墨西哥托尔特克神庙（Temple of Toltec）

公元14世纪　墨西哥阿兹特克神庙（Temple of Aztec）

神秘的复杂
——拜占庭建筑

感谢上帝选择我完成如此伟业！所罗门王，我现在胜过你了！

——查士丁尼第一次进入教堂时所说

在世界上，命名为“圣索菲亚”的教堂有好几个，不过没有一个如它这么知名，同样的，在世界上也没有第二个教堂经历了像它那么复杂的历史。这座拜占庭城内的圣索菲亚大教堂，见证了1 000多年来历史的兴衰与变迁。

公元306年，君士坦丁登基成为了新的罗马皇帝。这位狡诈的皇帝为了让大部分都信奉基督教的部下为自己卖命，宣布说自己收到了神的旨意，于是他顺理成章皈依了基督教，也轻松地赢得了部属们的舍身护君。第二年，他正式颁布了米兰赦令，承认了基督教的合法地位。

公元330年，君士坦丁力排众议，决定迁都，他选择的新都城就是拜占庭，也就是被他改名为君士坦丁堡的城市。他在君士坦丁堡大兴土木，将这座城市修建成为了当时世界上最宏伟的都市。但当君士坦丁去世后，他的帝国很快就陷入了内乱之中，并分裂成了两个国家——东罗马帝国和西罗马帝国。

100多年过去了，东罗马帝国即拜占庭帝国渐渐发展了起来。新的国王查士丁尼是个高傲而充满野心的国王，他一心想恢复帝国昔日的荣光，决定建造一座世界上最辉煌的教堂，这座教堂，就是圣索菲亚大教堂。

圣索菲亚的意思是“神圣的智慧”，即指上帝，而这座教堂正是查士丁尼献给上帝的礼物。为了修建它，查士丁尼横征暴敛，将几乎整个国库中的财物都投入进去，耗费了32万磅的黄金，数万工匠日夜不息足足工作了整整5年，这座教堂才宣告完工。

建成的圣索菲亚大教堂，无疑是世界上最壮观的建筑之一。大理石、黄金和象牙建起了这辉煌的建筑，光大厅的内部就高达64米，大理石的地板威严肃穆，彩绘玻璃折射出五彩斑斓的光芒，所有的地板、墙壁和廊柱都用精美的壁画、雕刻装饰起来，祭坛上悬挂着用金银线织成的窗帘，大主教的宝座以纯银制成，其华丽眩目，令人难以想象。

圣索菲亚大教堂的建成，见证了拜占庭帝国辉煌的顶点，但盛极必衰，帝国的衰颓已经开始隐隐闪现。13世纪，突厥人开始崛起，建立了足以与拜占庭帝国相抗衡的奥斯曼帝国，骁勇善战的突厥人开始不断侵袭拜占庭帝国的土地，1453年，苏丹穆罕默德二世亲率大军占领了拜占庭帝国的首都君士坦丁堡，彻底灭亡了这个国家。

这位国王带领着士兵们屠城3日，烧毁了城中的大部分建筑，但在圣索菲亚大教堂面前，他却迟疑了。面对着这旷世的宏伟建筑，这位君主实在无法抑制自己心中的喜爱之情，他制止了士兵们破坏教堂的举动，将它保护了下来。

可是，在一个信奉伊斯兰教的国度里，保留一座基督教的建筑显然是不可能的，于是，穆罕默德二世决定将它改建成一座清真寺。他在教堂外建造起了四座针状喊塔，其中一座更是特地高过了圣索菲亚大教堂的中心圆顶。同时，教堂里全部被换上了伊斯兰教的陈设，所有的壁画都被石灰覆盖，并绘上了伊斯兰图案。就这样，这座奇迹的殿堂幸运地保存了下来，今天的它已经被改建成为了博物馆，用它独特的建筑，向每一个人讲述它所承载着的那段曲折离奇的历史。

公元395年，罗马帝国分裂为东西两个国家，东罗马帝国迁都至拜占庭，也称“拜占庭帝国”。而拜占庭建筑，指的正是这一时期拜占庭帝国的建筑文化。

拜占庭建筑基本继承了古罗马建筑文化，但因为地处巴尔干半岛，地域包括了小亚细亚、地中海东岸、北非、巴勒斯坦和两河流域等，当时的建筑又汲取了波斯、两河流域、叙利亚等东方建筑文明，形成了自己独特的建筑风格，并对后来的俄罗斯教堂建筑及伊斯兰教建筑都产生了影响。

拜占庭建筑主要有以下几个特点：

1. 屋顶结构多用穹窿顶。

2. 整体造型突出中心，其他的建筑部件都围绕此中心进行设计。

3. 创造了把穹顶支撑在独立方柱上的结构方法，并产生了与之相对的集中式建筑形制。

4. 在内部装饰上,墙面多用彩色大理石铺贴,拱券和穹顶则用灿烂的马赛克和粉画,显得华丽夺目。

拜占庭建筑代表:

建于公元 532 ~ 537 年　伊斯坦布尔圣索菲亚教堂(St. Sophia Church)

公元 1555 ~ 1561 年　俄罗斯莫斯科圣巴西尔大教堂(St. Basil's Cathedral)

浓郁的民族风
——伊斯兰建筑

伊斯兰建筑的圆顶使我联想起的《天方夜谭》,作为一种独特的建筑语言符号,圆房顶显示出一种宁静和完美,在阳光、云彩变幻和月光的背景下,显得悲壮凄凉,尤其是残余落日的黄昏,一弯残月组成一个荒凉的句子。

《圣经·旧约·创世纪》第11章记载了这样一个故事:大洪水过后的地球上,人们原本都讲一样的语言,有同样的口音。诺亚的子孙们开始往东边迁移,他们在示拿地(古巴比伦)见到了一片平原,于是便在那里定居了下来。后来,他们商量着,要烧泥为砖,建造起一座城和一座塔,塔顶要高高地通到天上,传扬他们的故事,免得他们分散在地上。于是,大家齐心协力,建造起了一座直通云霄的高塔。可是上帝得知了这件事,见到地上人们创造出的奇迹,认为这样下去,以后就没有他们做不成的事了,必须阻止他们。于是,上帝变乱了人类的语言,使人们分散到了各处,再也无法相互交流,这样,这座塔也就造不成了。从此,这座没有被造成的塔也就被称为“巴别塔”(意即变乱)。

巴别塔似乎只存在于《圣经》当中,但在现实生活中,却有一座与它极其相似的建筑,那就是萨迈拉大清真寺的宣礼塔。

宣礼塔是伊斯兰教清真寺的独特建筑,是专门用来宣礼或为了确定斋戒月开始日期观察新月的地方。而萨迈拉大清真寺中的宣礼塔尤其独特,它继承了公元前2 000多年美索不达米亚高塔的形制特征,是一种少见的螺旋形结构,给人雄浑壮丽之感。这座宣礼塔建造在方形的底座上,足有52米高。整座建筑上细下粗,没有窗户,人需要沿着塔身的旋转阶梯走到塔顶的小屋。站在塔顶,四周的景色尽收眼底,除了猎猎的风声,一切都宁静祥和,可以给朝拜者心灵的洗涤。

这座宣礼塔和它所在萨迈拉大清真寺一样,都是伊拉克阿巴斯王朝的建筑代表作。整座清真寺的建筑都继承了伊斯兰建筑艺术一贯朴素简单的特征，显示出一种别样的古朴厚重之美。萨迈拉大清真寺占地面积达40 000多平方米，是世界上最大的清真寺，十分壮观，寺院是典型的长方形，中轴线指向南方的麦加，寺中有装饰华丽的喷泉以及400多根大理石柱支撑的廊殿。整座建筑壮美中蕴涵着精致，奇伟中凸显庄严，显示出伊斯兰教巨大的凝聚力和感召力。

伊斯兰建筑是世界建筑中外观变化最多，设计手法最巧妙的一种建筑艺术。其造型多用尖拱和穹顶，采用集中式平面的建筑群，建筑中多装饰有几何纹样图案。建筑变化多样、形式各异，但总体呈现出一种庄重雄伟又不失典雅的风格。

伊斯兰建筑因为与宗教息息相关，因此多半体现出一种强烈的对信仰的虔诚和向往。其建筑的主要特征体现在以下几个方面：

穹顶。伊斯兰建筑基本上都有穹顶，而且与欧洲教堂的穹顶不同的是，伊斯兰建筑的穹顶看似粗犷但却韵味十足。

开孔。开孔是指门和窗的形式。伊斯兰建筑一般是尖拱、马蹄拱或是多叶拱，偶尔也会出现正半圆拱和圆弧拱。

纹样。伊斯兰建筑多用纹样，纹样继承自波斯和东罗马，但经其发展，创造出了属于伊斯兰建筑的独特纹样，尤其是几何纹样，它是伊斯兰建筑艺术中的独特创造。其题材、构图、描线、敷彩皆有独特之处。

伊斯兰建筑代表：

约公元**608**年　麦加卡巴神龛（Kabbah Shrine）

公元**688～692**年　耶路撒冷岩石圆顶（Dome of the Rock）

公元**706～715**年　叙利亚大马士革大清真寺（Great Mosque of Damascus）

公元**710**年　耶路撒冷艾尔·阿克萨清真寺（Al-Aqsa Mosque）

雄浑庄重的结构
——西欧罗马风建筑

罗马风建筑是古罗马文化和基督教文化结合的产物,但较多地模仿了古罗马时期的艺术,因此被称为“罗马风”。

1590年,年轻的物理学家伽利略站在了比萨塔上,他轻轻放开手,让一大一小两个铁球掉落下去……相信这场著名的自由落体实验已经无人不知了。这伟大的物理实验不仅仅证明了一个公式,更让这座独特的斜塔成为了家喻户晓的历史建筑。

抛开伽利略加诸比萨塔之上的名声不谈,这座斜塔本身就是难得一见的出色建筑。它大胆的圆形建筑结构,深浅两种白色的对比与融合,长菱形的花格平顶,以及阳光照射下形成的光亮与阴暗的对比,都可以证明它在建筑史上的独特地位。更不用说它还是一座独一无二的斜塔了。

关于比萨塔倾斜的缘故,在比萨人中流传着这样一个故事:比萨塔刚刚建成的时候还是一座直立的塔,可是,在工程的落成典礼上,建筑师向市长索取本应属于他的报酬时,这位市长却反悔了。他企图赖掉这笔酬金,便说:“这座塔是为了上帝的荣誉而修建的,建造它的人可以获得良好的名声,因此,你应该放弃那可鄙的金钱欲望,而感谢上帝给了你机会建造它。”听到这里,建筑师明白了市长的意图,他气愤地对着他刚刚建成的钟塔叫道:“来吧,钟塔,跟我走!”随后转身走了。在场的人们立刻惊讶地发现,钟塔正慢慢向着建筑师的方向倾斜,看到这一切,市长连忙追上了建筑师,答应付给他应得的酬劳,但他必须让钟塔立住不倒。建筑师拿到了自己应得的酬劳,而塔楼也没有再继续倾斜下去,但曾经倾斜的角度却始终没有再恢复,以此作为对市长的教训。

传说当然只是传说,实际上,比萨塔的倾斜起初只是一名建筑师的失误,但依靠着后来建筑师的努力,将误差变为了奇迹。

1172 年,一名居住在圣母玛利亚慈善堂内的寡妇波妲去世了,临终前,她留下了 60 枚银币,希望能够建起一座圣母玛利亚的音乐钟塔。建筑师波那诺接受了这份工作,很快将钟塔修建到了第三层。可是,他没有注意到地基是建造在一块由黏土和砂土组成的冲积地上,看似坚固实则薄弱,而且下面还有一条地下小溪。因为地基不稳,建筑又重,建造起来的钟塔很快就倾斜了。波那诺只能将工程暂停,他打算等地基稳定后再开工,可是谁知道,这一停便是 100 年。

1275 年,建筑师西蒙接手了钟塔的建造。为了防止建筑物继续倾斜,他减薄了塔壁,换上了轻质灌注材料,采用不同长度的横梁和增加塔身倾斜相反方向的重量等来设法转移塔的重心。这一次,他将钟塔建造到了第六层,虽然没有改变它的倾斜度,但至少它没有再继续倾斜下去。

西蒙没有完成他的建筑就去世了,之后,他的儿子皮萨诺继承了父亲的遗志,继续建造这座钟塔。除了按照他父亲的方式建造之外,他还将钟楼的第八层设计得稍稍倾向于北面以保持平衡,同时他不再建造楼顶,以减轻重量和平衡倾斜。

就这样,耗费了 200 多年的时间之后,这座奇迹般的建筑终于完美地展现在众人面前。只是,随着自然的变迁,这座倾斜的钟塔究竟会不会倒塌,始终还是压在所有人心头的一块大石。

公元 8 世纪末,西欧法兰克王国查理大帝统治的加洛林王朝,在文化上渐渐复苏,形成了所谓的“加洛林文艺复兴文化”,这种古罗马文化和基督教文化结合的产物,因为较多地模仿了古罗马时期的艺术,也就被称为“罗马风”。

罗马风建筑多为教堂、修道院和城堡,其规模不及古罗马建筑的宏大,设计施工也相对粗糙,但它继承了古罗马的半圆形拱券结构,并创造了扶壁、肋骨拱与束柱的结构。其建筑特点主要在于:

1. 在结构上大胆启用筒拱、十字交叉拱乃至四分肋骨拱,出现骨架券承重,减轻了拱顶厚度。

2. 在长方形平面基础上,祭坛前的平面向两翼扩展,发展和完善了拉丁十字式的平面形象。

3. 内部多为圆柱形柱廊,柱上是半圆形连续拱券;门窗为圆拱门窗,出现了透视门。

4. 内部装饰上注重构图的完整统一,整个建筑形体性状高直,更具敦实的美感。

5. 雕刻上应用框架法则,大量运用非写实雕刻。

西欧罗马风建筑代表:

始建于公元 1 世纪　法国奥德的卡尔卡松城堡(Carcassonne)

公元 1063 ~ 1350 年　意大利比萨大教堂(Cathedral of Pisa)

公元 11 ~ 12 世纪　法国卡昂的圣耶戈纳教堂(Cathedral of St. Etienne)

公元 12 世纪　法国的昂格莱姆教堂(Cathedral of Angouleme)

英国王室的石头史书
——哥特式建筑

古典建筑，带着它高超的技巧，透过物质的大体量来实现它的效果。在另一方面，哥特式则透过精神，用极少的物质体量就获得了非常宏伟的效果。古典主义建筑都是浮华的，辉煌的，因为它们的装饰都是外来的；这是一种纯理性的结果，经过装饰——从而使物质生命得以延伸。而哥特式抛弃了没有意义的辉煌；它其中的每一个构件都来自于一个单一的想法，因此它必然有一种高贵而肃穆的精神气质。

——卡尔·弗里德里希·申克尔

在英国伦敦，威斯敏斯特教堂的地位绝对是与众不同的，这里不仅仅是英国历代君主加冕的地方，也埋葬了不少的贵族与名人。1 000 多年来，自爱德华王以来，除了爱德华五世和爱德华八世之外，其他的英国君主都是在威斯敏斯特教堂加冕登基的，而英国数百年来的大人物，也大多长眠于此处，乔叟、莎士比亚、牛顿、狄更斯、瓦特、哈代、拜伦，每一个都是足以震撼世界的名字。

这座位于泰晤士河南岸的教堂是英国最大的教堂之一，因为位于城区以西，故此也叫"Westminster Abbey"，也译作西敏寺。早在公元730 年，这里就有一所东撒克逊王塞伯特修建的本笃修会，这座小型教堂本来是建在伦敦一个叫做托内的小岛上，可是随着泰晤士河水流变小，托内岛和其他的陆地连接了起来。1045 年，因为撒克逊王没有按照承诺去朝圣，撒克逊王朝的末代继承人爱德华为了赎罪，奉教皇利奥九世的要求，将原本的小教堂改建成为了最早的威斯敏斯特教堂。而当时的威斯敏斯特教堂，还是一座诺曼式的教堂。

威斯敏斯特教堂内部

1065 年,这座教堂完工还没几天,国王爱德华便撒手人寰。国王没有留下子嗣,当人们还在为王位继承人争吵不休的时候,来自法国的日耳曼人威廉一举征服了英格兰,登上了帝位。为了显示自己地位的合法性,他决定在先帝爱德华刚刚建成的威斯敏斯特教堂内举行加冕仪式。自此以后,英国王室历代国王的加冕、丧葬及其他历史性的庆典都在此地举行。后来到了 16 世纪,英王亨利八世与罗马教廷决裂,将威斯敏斯特教堂纳入了国王的管理之下。之后英国女王伊丽莎白一世更将它改建为一所学校,并由王室直接管理。从此之后,它就成为了英国王室的专属教堂,因此它也被人称为"英国王室的石头史书"。

1245 年,当时的英国国王亨利三世为了纪念爱德华,决心将之改建成更加宏伟的哥特式教堂。从他开始,历代的英王开始按照自己的意愿对这座教堂进行改造和增建,将之折腾成了一座混合着各式风格的建筑。1875 年,教堂交到了建筑师乔治·吉尔伯特·斯科特手中,而他正是当时哥特复兴式建筑风格运动的领袖人物。由于他对哥特式建筑的偏好,让他毁掉了许多精美的非哥特式作品,但也从此奠定了威斯敏斯特教堂的哥特式风格。

今天我们所能看到的威斯敏斯特教堂,主要由教堂及修道院两大部分组成。教堂平面呈十字拉丁形,上部拱顶高达 31 米,构造复杂,是英国哥特式拱顶高度之冠,显得巍峨肃穆。教堂西部的双塔高耸,飞拱横跨侧廊和修道院围廊,形成复杂的支撑体系。教堂内部装饰着巨大的扇形垂饰,各种雕像精美华丽,彩色玻璃绚丽多姿,整座教堂壮观高贵,金碧辉煌,是哥特式建筑中的出色杰作。

哥特式建筑(Gothic Architecture)起源于11世纪下半叶的法国,13到15世纪在欧洲流行起来。哥特式建筑主要用于教堂,它是随着城市手工业和商业行会的兴起、手工艺技术的发展而发展起来的。哥特式建筑的特点是高耸的尖塔、十字形的平面结构、较薄的墙面、尖形拱门、大窗户及绘有圣经故事的花窗玻璃。在设计中,此类建筑多利用尖肋拱顶、飞扶壁、修长的束柱,分担了之前罗马建筑中仅仅以厚壁支撑拱顶重量的设计,进而大大减少了墙壁的厚度,营造出轻盈修长的飞天感。同时,从阿拉伯国家学得的彩色玻璃工艺技术被运用到教堂中,改变了之前教堂采光不足造成的压抑感。

整个哥特式建筑因其高高的尖塔等设计,呈现出一种粗犷豪放、积极向上又神秘的精神特征,因此,刚刚出现的哥特式建筑被称为"哥特式",意为"野蛮人的艺术",在产生初期是被人轻视的一种艺术风格,但随着宗教对哥特式艺术的接受,它也开始被人们接受,成为了一种普遍的艺术风格。

哥特式建筑代表:

始建于公元810年　意大利威尼斯总督府(The Doge's Palace)

公元1143年　法国巴黎圣丹尼斯教堂(The Cathedral of St. Denis)

公元1163~1365年　法国巴黎圣母院(The Cathedral of Notre-Dame)

公元1248~1880年　德国科隆大教堂(The Cathedral of Cologne)

变化的古典柱
——意大利的文艺复兴

文艺复兴建筑最明显的特征，是扬弃了中世纪时期的哥特式建筑风格，而在宗教和世俗建筑上重新采用古希腊罗马时期的柱式构图要素。

作为一个古老的城市，佛罗伦萨有着众多的名胜古迹，随处可见历史悠久的宫殿，精雕细刻的大师手笔，吸引着众人的目光。但每个去佛罗伦萨旅游的人，首先都会直奔同一个地方——佛罗伦萨大教堂。

这座世界第四大的教堂，足足花费了140年的时间、三代建筑师的努力才建成。整座教堂由大教堂、钟塔和洗礼堂组成，墙面全用白色、深绿和粉红的大理石建造，典雅而凝重。而教堂中最引人注目的，则是教堂的八角形穹顶，这仿造罗马万神殿建造而成的穹顶，是当时世界上最大的圆顶，停留在40多米高空中的巨大圆顶，线条流畅，充满动感，堪称奇迹般的天才之作。中世纪的佛罗伦萨，是当时诸城当中最强大的一个。1296年，行会领导着市民从贵族手中夺取了政权，为了庆祝他们的胜利，佛罗伦萨人决定修建一座巨大的教堂来展现自己的强大，并作为共和政体的纪念。于是，当时的建筑大师阿尔诺沃·迪卡姆比奥受邀修建这座教堂。14年后，迪卡姆比奥不幸去世，教堂的修建工程也被迫停了下来。到了1334年，建筑师乔托接任了教堂的建造，但他也在3年后去世了，教堂再次被迫停工。1367年，佛罗伦萨的居民投票决定，在教堂中殿的十字交叉点上，建造一座世界上最大的八角形圆顶,以衬托佛罗伦萨的尊贵地位。1418 年,菲利波·布鲁内列斯基被选为这项工程的设计师。

穹顶内外

布鲁内列斯基大胆地决定,抛弃过去惯用的“拱鹰架”建造方式,而采用“鱼刺式”的建造方式从下往上砌成。可是,因为不肯透露他的设计图稿,他前卫大胆的设计遭到了强烈的反对。在当时,即便是最小的拱门也是在拱鹰架上建造的,如此巨大的圆顶却完全不用拱鹰架,并且砖块还要与水平面呈 60 度的斜角,大部分人都觉得是不可能实现的。人们要求布鲁内列斯基公布自己的设计方案,但他始终不肯,因为他很清楚,很多人都在觊觎自己这个位置,一旦公布设计图,他很可能会被取代,他耗费心血的设计也会被人夺走。

为了说服委员会,他提了一个有趣的要求,让执事们将一枚鸡蛋直立在光滑的大理石上。显然,这些执事们都无法做到,这时候,布鲁内列斯基将鸡蛋的壳敲碎,轻松地将鸡蛋立了起来。当有些人愤愤不平的表示其实他们也可以做到时,布鲁内列斯基平静地说:“如果有谁了解了我的计划,也同样会知道该如何更巧妙地建造圆顶。”于是,执事们终于选择了相信他,并将这项建造工程彻底交给了他。

1436 年,布鲁内列斯基完成了他最伟大的建筑,而佛罗伦萨也拥有了世界上最美丽的穹顶。100 年后,米开朗基罗在罗马的圣彼得大教堂里修建了一个更大的穹顶,但是他依旧感叹说:“我可以建一个比它大的圆顶,却不可能比它美。”

文艺复兴建筑是欧洲建筑史上继哥特式建筑之后产生的一种建筑风格。文艺复兴建筑于 15 世纪产生在意大利,后传播到欧洲其他地区,形成了具有各自特点的各国文艺复兴建筑。一般认为,佛罗伦萨大教堂的建成,象征着文艺复兴建筑的开始。

文艺复兴时期的建筑家们认为，之前流行的哥特式建筑，是基督教神权统治的象征，而古代希腊和罗马的建筑则是非基督教的，它们的建筑理念才代表了人文主义的本质。因此，此时期的建筑特征主要在于扬弃了中世纪时期的哥特式建筑风格，而在宗教和世俗建筑上重新采用古希腊罗马时期的柱式构图要素。

在继承了古典柱式构图风格的同时，当时的建筑师们还跳出了古典柱式规范的限制，将文艺复兴时期的许多科学技术上的成就运用到建筑中来，将各个地区的建筑风格融合起来，创造了许多新的建筑类型、建筑形制，进而形成了风格统一又带有个人色彩的文艺复兴建筑。

文艺复兴建筑代表：

公元16世纪初　圣彼得大教堂(St. Peter's Basilica)

公元13～16世纪　意大利佛罗伦萨安农齐阿广场(Piazza Annunziata)

公元1546～1644年　意大利罗马卡比多山罗马市政广场(Piazza della Signoria)，米开朗基罗建造

公元14～16世纪　意大利威尼斯圣马可广场(St. Marco Square)

自由、夸张的华丽
——巴洛克建筑

巴洛克建筑是 17 ~ 18 世纪在意大利文艺复兴建筑基础上发展起来的一种建筑和装饰风格。

15 世纪后期,因为自身的腐败,天主教遭到了新教强烈的冲击,为了维护天主教的地位,教会内部产生了一股要求革新的思潮。1534 年,为了适应当时基督新教的宗教改革,圣依纳爵·罗耀拉提出了建立耶稣会的建议,并得到了罗马教廷的支持。耶稣会的主要目的是教育和传教,它们依靠兴办大学和培养人才来维护教会的影响力。

耶稣会既然成立,那么自然需要一座专门的教堂作为创始教会之地,为此,教会决定兴建一座耶稣会教堂。这座教堂原本是邀请米开朗基罗进行设计的,但事有延误,一直到 1568 年,才选定了米开朗基罗的助手吉尔可莫·达·维尼奥拉来负责建造。

维尼奥拉出生于 1507 年,他早年多数是待在法国,担任法国国王的王室造园师,后来才回到意大利,从事教堂的建筑设计工作。1568 年接受耶稣会教堂的建筑设计工作时,他已经是一位 60 多岁的老人了。

面对着这座教堂,维尼奥拉有了新的想法。当时的建筑设计多是依照古罗马建筑师维特鲁威的建筑规定,讲究完美的对称与比例的协调运用,但维尼奥拉决定打破这些约束。他建造的教堂平面是由哥特式教堂常用的拉丁十字形演变而来的长方形,顶部突出一个圣龛。在教堂正面上半部分,维尼奥拉模仿了佛罗伦萨由阿尔伯蒂设计建造的圣玛利亚小教堂,也模拟了希腊神殿的山墙立面,并在两侧添加了两对大涡卷以增加稳定感。但同时他还模仿了米开朗基罗的圣彼得教堂,安排了科林斯式的倚柱和扁壁柱,增加视觉上的雕塑感。

教堂的中厅宽阔,两侧用两排桶形屋顶的小祈祷室替代了原本的侧廊,使得整个教堂如同一个开放的、单一的空间。这样的设计,可以让信徒都集中到同一个空间中,拉近了他们的距离,也让他们能够共同体会神的意旨。祭坛装饰采用了希腊神殿的主题,而穹顶上则绘制着华丽繁复的壁画。

罗马耶稣会教堂内部

遗憾的是,维尼奥拉没完成这座教堂的建造就去世了。1573 年,就在维尼奥拉去世之后,札柯摩·德拉·波尔塔接过了他的工作,在 1577 年完成了这座教堂。波尔塔完全依照维尼奥拉的蓝图进行施工,只是在入口及轴线立面进行了改进。

整座教堂处理手法巧妙,富丽堂皇,充满神秘主义的气氛,恰好符合了天主教会炫耀财富和建立神秘感的需要,同时也反映了文艺复兴晚期人们追求自由表达的世俗思想,因此这种艺术形式很快传播开来,并带来一股新的建筑风格——巴洛克建筑艺术。

巴洛克(Baroque),本义是指一种形状不规则的珍珠,巴洛克建筑则是指 17 世纪至 18 世纪在意大利文艺复兴建筑基础上发展起来的一种建筑和装饰风格。维尼奥拉设计的罗马耶稣会教堂被公认为第一座巴洛克建筑,也是从手法主义向巴洛克风格过渡的代表作。

巴洛克一词最早含有贬义,古典主义者认为它离经叛道,违背了建筑艺术的基本法则,但随着人类对自由表达渴望的进一步发展,这种反对僵化、追求自由和表达世俗情趣的建筑风格开始流行起来。

巴洛克建筑多为天主教教堂,是公认的"耶稣会精神的体现"。其主要特征有:

1. 追求新奇。其建筑手法打破了古典主义的传统建筑形式,外形自由随意,甚至不顾结构逻辑,采用非理性组合,以取得反常效果。

2. 趋向自然,追求自由奔放的格调,表达世俗情趣,具有欢乐气氛。

3. 繁复华丽的装饰,强烈的色彩。在创作时打破建筑与雕刻绘画的界限,使其相互渗透。

4. 追求建筑形体和空间的动态,常用穿插的曲面和椭圆形空间。

巴洛克建筑代表:

公元1638年　波洛米尼——意大利罗马圣卡罗教堂(St. Carlo Alle Quattro Fontane)

公元1655~1667年　贝尼尼——意大利罗马圣彼得大教堂广场(Piazza San Pietro)

公元17世纪　封丹纳——波波罗广场(Piazza del Popolo)

公元17世纪　波洛米尼——意大利罗马纳沃那广场(Piazza Navona)

不对称的细腻——法国古典主义建筑与洛可可建筑

洛可可世俗建筑艺术的特征，是轻结构的花园式府邸，它日益排挤了巴洛克那种雄伟的宫殿建筑。在这里，个人可以不受自吹自擂的宫廷社会打扰，自由发展。

洛可可艺术是法国18世纪的艺术样式，它起源于路易十四晚期，而流行则是在路易十五时代。

在路易十五的年代，他的情妇彭巴杜夫人成为了巴黎最知名的权力者。这位美丽而聪明的女士对艺术有着浓厚的兴趣，她热心地资助过包括伏尔泰在内的许多文学家和艺术家，而她尤其钟爱的就是建筑和装饰艺术。她对于那种柔美华丽、装饰精致繁复的设计风格有着强烈的偏好，于是她将自己身边的一切都按照喜好进行了装饰，从皇帝的凡尔赛宫到精致的中国花瓶，她都加上了充满藤蔓、花纹、贝壳和精致曲线的装饰。

这种繁复小巧的装饰风格，恰好迎合了当时的社会风气。当时的法国贵族们，沉醉在悠闲舒适的生活中，追求的正是那种轻浮、闲散、颓废的生活气息，于是这种装饰风格迅速流行了起来。作为巴洛克艺术的晚期，人们称它为洛可可。而洛可可建筑的杰出代表，则是维也纳的卡尔教堂。

1713年，正是黑死病猖獗肆虐的时候，这个1348年从亚洲传入欧洲的黑色死神，在10年之内就让全欧洲的人口减少了三分之一，而当时的人们采取了所有的办法，也无法阻挡这场灾难的蔓延。因此皇帝卡尔六世发下誓愿，如果维也纳能够在这场瘟疫中幸免于难，那么他就建造一座大教堂，奉献给前米兰总主教圣波洛梅欧。当大瘟疫泛滥，人们纷纷逃离之时，只有他不顾生命危险留在城中，为贫困者开设学校和医院，救济所有灾难中的人们。

第二年，卡尔六世举办了建筑设计竞赛，建筑师约翰·本哈德·费歇尔和他的儿子约瑟夫·伊曼纽尔赢得了竞赛，成为了卡尔教堂的设计师。1737年教堂落成，展现在人们面前的，是一座典型的洛可可风格的教堂。

整座教堂华丽繁复而不失典雅。教堂正面由三个部分组成，中部上方是高达

70 米的穹顶,下方则是仿造古希腊神庙风格的山墙立面,上面的浮雕描绘着维也纳遭黑死病侵袭的情景。立面的两侧,却是拥有中国亭阁风味的礼拜堂,教堂前树立的两根凯旋柱高达 40 米,螺旋形浮雕饰带展现了圣波洛梅欧的生平,圆柱样式是模仿古罗马建筑中的图拉真纪念柱,左边的圆柱代表着坚定的信念,而右边的则是勇气。教堂内部由一个方形的前厅和一个椭圆形的大厅组成,巨大的椭圆形穹顶覆盖下来,上面描绘着圣波洛梅欧向上帝祈祷的巨大天顶画。巨大的祭坛用雕塑展现了圣者圣波洛梅欧在一群小天使的陪伴下升天的场景,夸张而堆砌的金光和祥云充满流动的美感,是洛可可艺术细节表现力的典型代表。除此之外,教堂内再无过多的装饰,而只以大理石营造出一种典雅庄重的气息。

法国古典主义建筑,是指在 17 世纪到 18 世纪初法国流行的古典主义建筑风格。古典主义建筑多为规模宏大的宫廷建筑和纪念性的广场建筑群,采用古典柱式和丰富华丽的内部装饰。

洛可可为法语 rococo 的音译,此词源于法语 ro-caille(贝壳工艺),意思是此风格以岩石和蚌壳装饰为其特色。洛可可建筑在 18 世纪 20 年代产生于法国,它属于巴洛克建筑艺术的晚期,是巴洛克风格与中国装饰趣味结合起来的、运用多个 S 线组合的一种华丽纤巧、雕琢繁琐的艺术样式。其主要特征有:

1. 喜爱曲线,多用 C 形、S 形、漩涡形等曲线装饰,连成一体。
2. 构图非对称法则,带有轻快、优雅的运动感。
3. 多采用明快艳丽的色彩装饰。
4. 崇尚自然。多用贝壳、漩涡、花草、山石等作为装饰题材。

法国古典主义建筑代表:

始建于公元 1624 年　法国巴黎凡尔赛宫(Versailles Palace)

公元 1501～1600 年　法国巴黎罗浮宫东立面(Louvre Museum)

完成于公元 1691 年　法国巴黎伤兵院新教堂(St. Louis des Invalides)

洛可可建筑代表:

公元 1736～1739 年　法国巴黎苏俾士府邸公主沙龙(Hôtel de Soubise, Princess Sharon)

公元 1749～1754 年　德国费斯堡海德堡宫殿的凯瑟大厅(Heidelberger Schlob, Kaisersaal)

湮没在密林中的神殿
——东南亚建筑

此地庙宇之宏伟，远胜古希腊、罗马遗留给我们的一切，走出吴哥庙宇，重返人间，刹那间犹如从灿烂的文明堕入蛮荒。

——吴哥窟的发现者亨利

作为法国的殖民地，19 世纪的柬埔寨吸引了大量的法国殖民者和探险家。

1860 年，为了寻找一种珍贵的蝴蝶，法国生物学家亨利 · 穆哈特也来到了这里，他雇用了 4 名当地人作为向导，在高棉深重广袤的丛林中收集着各种珍稀的蝴蝶标本。

丛林中毫无破坏的原始环境让亨利非常兴奋，他捕捉到了许多罕见的蝴蝶，于是他要求 4 名向导带领他走进丛林更深处，希望能有更多的发现。然而，4 名当地人却无论如何也不肯再往丛林深处走去了，他们用紧张的语气告诉亨利："丛林深处有一座被恶魔诅咒过的城堡，所有见过它的人都会被诅咒杀死。""那里是鬼魅的世界，凡人是不能进去的，一旦不小心走了进去，鬼怪会让我们丧失方向，再也找不到回来的路，在丛林中活活饿死。"

亨利并不相信这些，他是个科学家，早就明白诅咒与恶魔是不存在的。但当地人的描述让他产生了新的兴趣，他闲暇时也曾读过柬埔寨的历史，这让他很快想到，也许密林深处的并不是什么恶魔的城堡，而是上古建筑的遗迹。

亨利查阅了相关资料，结果发现，1850 年一位法国传教士布耶沃斯曾经记载，他在此地的丛林中发现了一座庞大的遗址，看上去应该是一座王宫。可惜的是，他的记载并没有引起当时人的注意。至此，亨利基本上已经可以肯定，藏在丛林深处的，是一座古代的建筑。

这个消息让亨利很是兴奋，他高价雇用了上次的 4 个向导，准备了小木舟，穿过洞里萨湖，去寻找传说中的建筑遗址。湖的对岸有一条几乎快被青苔和杂草湮没的小道，沿着小道向前，巨大的纠结的树木遮天蔽日，藤蔓在丛林中杂乱地蔓延，四面有一种可怖的静谧。

几人走了很久,忽然发现眼前出现了五座石塔,高高的塔尖在阳光下闪烁着光芒。亨利不能抑制自己的激动,他快步冲了过去,眼前是一座巨大的寺庙,一条罗马式古道直通其中,五座石塔如梅花分布,所有的墙壁上都布满精致而繁复的雕刻,令人目眩神迷。

亨利充满敬畏地抚摸着巨大而神秘的雕像,他已经可以肯定,这里就是书中记载的吴哥古城。12 世纪之时,当时的吴哥国王苏耶跋摩二世建造了这座宏伟的寺庙,用以供奉毗湿奴,这座宏伟的寺庙足足耗费了 35 年的时间才建造完成。但是到了 1431 年,泰人入侵了吴哥古国,吴哥人被迫远离故土,去到了 150 英里外的金边定居,而泰人在掠夺了所有的金银珠宝之后,并没有将这座伟大的建筑放在眼里,绝尘而去。从此,美丽的吴哥窟渐渐在人们的记忆中沉寂,成为了被密林掩盖的隐秘之所。

带着对吴哥窟全面的了解和景仰,亨利回到了法国,留下了大量关于吴哥窟的记载。不久他因病去世,他的弟弟将这些数据进行整理发表,从此,神秘的吴哥古都重新回到了人们的视线,成为了众人顶礼膜拜的圣地。

东南亚建筑文化圈是一个超越原有政治及地理区划的概念,它包括两大部分:一部分即东南亚大陆部分,包括中国大陆长江流域以南直到中南半岛马来西亚南端,东起中国南海沿岸、西至缅甸伊落瓦底江这一广阔区域;另一部分则是东南亚岛屿部分,以及菲律宾、印度尼西亚、马来西亚的沙劳越及苏门答腊,甚至还可延伸至南太平洋的部分岛屿。

东南亚建筑文化在总体特征上应该归属于东方建筑文化系统,但它与该系统中其他几个区域性建筑文化的最大区别,就在于它同时受到中印两大古老文化的

夹击，而其固有文化的强大生命力又赋予它明显的个性。不过，在它的身上，仍然残存着一些中国早期建筑的影响痕迹。但它绝非是印度或中国的文化附属物，而是各自具有极为鲜明的个性，在吴哥、蒲甘、中爪哇和占婆古国曾开放灿烂奇葩的艺术和建筑，与印度教和佛教的印度的艺术和建筑相比，都有显著的区别。

古东南亚建筑代表：

公元12世纪上半叶　柬埔寨周萨神庙（Chau Say Tevoda）

公元12世纪　泰国武里南高棉帕萨佛侬壤寺庙（Prasat Phnom Rung）

公元12世纪初　泰国高棉瑟迈神殿（Phimai）

白色爱之陵
——古南亚建筑

如果生命在爱火中燃尽，会比默默凋零灿烂百倍。爱情谢幕的一刻，也将成为永恒脸颊上的一滴眼泪。

——泰戈尔写给泰姬陵的诗

如果问任何一个人这个世界上可以代表爱的建筑，相信大部分人会告诉你这样一个名字——泰姬陵。这是一对恋人爱的归宿地，也是全世界恋人的爱之陵。

17 世纪的印度是个繁盛的国家，国王沙贾汗年轻俊朗、意气风发。年轻的国王不仅拥有富有的莫卧儿王朝，还有着另一样的珍宝——绝色美女阿姬曼。阿姬曼来自波斯，她美丽温柔，将全部的身心奉献给了沙贾汗，而沙贾汗也没有辜负她的一片深情，对其挚爱有加，并封她为“泰姬 · 玛哈尔”，意即“宫廷的皇冠”，两人鹣鲽情深，相依相伴 19 年。

然而，战乱突起，国王被迫亲征，不愿离开爱人的泰姬虽有孕在身，却坚持陪伴在侧，结果，当国王在战场中赢得胜利之时，泰姬却已在分娩时不幸去世。沙贾汗闻讯赶回，却只能面对已逝的红颜，他不肯面对这突如其来的打击，将自己独自关在房中一日一夜。等他再次走出房中时，人们惊讶地发现，他的满头黑发已成了银丝。

班师回朝，沙贾汗下达了他的第一道命令，他要为死去的妻子修建世界上最完美最精致的陵墓。最优秀的建筑师和工匠们从世界各地蜂拥而至，他们献上了各式各样华丽的设计，希望能获得国王的青睐，然而沙贾汗始终没有发现令他满意的作品，直到一位建筑师的出现。这位建筑师的名字早已经湮没于历史的尘埃中，但我们所能够知道的是，他也是一位怀抱着丧妻之痛的丈夫，对妻子深切的怀念让他赢得了沙贾汗的共鸣，两个深情的男人开始共同建造这一座爱之陵。

从 1632 年到 1653 年，这座陵宫整整修建了 22 年。在这 20 多年间，每天都有多达 20 000 名工匠一刻不停地劳作，来自印度、中国、欧洲和伊朗的艺术家们，将所有的心血都倾注到了这伟大的建筑中。纯白色的大理石建筑安静地伫立着，无

数的宝石镶嵌在大理石表面,精致而繁复的石雕随处可见。如果再仔细一点看可以发现,泰姬陵的石塔与地面并不垂直,而是稍稍向外倾斜,这是爱人最体贴的设计,就算时日再久,石塔因失修而坍塌,那它也只会向外倾颓,不会打扰到墓中佳人的安眠。

陵墓的修建纵然漫长,但沙贾汗并未因此减少丧妻的悲痛,为了能与妻子生死相依,他决定在亚穆纳河的对岸,用纯黑大理石为自己建造一座相同的陵墓,并将两座陵墓用一座半黑半白的桥相连。然而,政治的诡谲容不下一对恋人爱的誓约,1658 年,沙贾汗的三王子弑兄篡位,将父亲囚禁在泰姬陵对面的阿格拉堡之中。

孤独的国王只向儿子提了一个要求:“王位你拿去,只要为我留一扇窗,能够看见你母亲的陵墓。”从此,他只能在夜夜的月光中,透过水晶石的折射,遥望河对岸爱人的陵墓。8 年之后的一个月夜,75 岁的老国王在病榻上最后凝望了一眼月光下的陵墓,安静地追随爱人而去。

按照沙贾汗的遗愿,他的小女儿将他葬在泰姬的身畔,从此,他终于可以静静地陪伴着自己的爱人,永远永远不会分开。

古代南亚建筑文化可以从三部分分析,即印度古代建筑文化、斯里兰卡建筑文化和尼泊尔建筑文化。所以南亚的建筑文化背景中,始终离不开一个被世人称作佛的人物——释迦牟尼,与之相关的传奇经历都被建筑物化,特别是印度这一佛教起源地。

自古以来,印度民族即热心宗教,一般人民的精神生活也多围绕宗教这个中心。其文学、绘画、音乐、舞蹈、雕刻和建筑等等,主要都是为宗教服务的,而政治反在其次。印度建筑式样的起源,与材料和宗教信仰有很大关系,如常用的装饰题材有莲花、菩提叶、法轮、象、狮、牛、马、鸽等,都和宗教信仰有不可分割的关系。总之,研究古印度的建筑,就不能不涉及到宗教问题。

南亚古代建筑形式多样且特殊,比如有佛教的圆顶状舍利塔、耆那教的尖塔、由岩壁凿出的印度教神庙等。

古南亚建筑代表:

始建于公元13世纪 尼泊尔加德满都王宫广场(Kathmandu Durbar Square)

公元1565年 印度阿格拉堡(Agra Fort),又称红堡

公元1571~1585年 印度法特普希克里城堡(Fatehpur Sikri)

公元1756年 尼泊尔库玛丽神庙(Kumari-Ghar)

君子万年，介尔景福
——古东亚建筑

既醉以酒，既饱以德。君子万年，介尔景福。

——《诗经·大雅·生民之什·既醉》

李朝是朝鲜历史上统治时间最长的王朝，也是对朝鲜历史影响最大的朝代。李朝的始祖叫李成桂，字君晋，他出生于高丽王国一个显贵家族，父亲是当时的朔方道万户兼兵马使。李成桂从小就擅长骑射，武功赫赫，加上父荫正好，因此在仕途上很是顺畅，年纪轻轻便当上了高官。

13世纪是蒙古人的天下，蒙古铁骑横扫东亚大陆，高丽自然也不能幸免，成为了元帝国的征东行省。1368年，朱元璋得势，将蒙古人赶出了中国大陆，元朝的残余势力退到长城以北，成为北元。这时，原本归附蒙古的高丽也分成两派，一边支持蒙古人，一边则倾向于明朝，而李成桂则是亲明派的代表人物。

1388年，高丽王受亲元派怂恿，决定与明朝开战，并派遣李成桂为统帅。李成桂岂肯听命，他趁此机会发动兵变，夺取了政权。1392年，在明太祖朱元璋的暗中支持下，他正式废掉高丽恭让王，自己登基为王，定国号朝鲜，并迁都汉阳（今首尔）。就在迁都汉阳以后，李成桂就修建了这座景福宫。

景福宫是韩国的五大宫之首，也是其第一国宝。“景福”两字出于《诗经·大雅·既醉》：“君子万年，介尔景福”，取其祝福之意。朝鲜为明朝属国，因此景福宫的布局建造十分类似于明朝故宫，基本上是故宫的缩小版，但在设计建造时，景福宫又加入了不少唐朝园林布局的元素，使得其宫室呈现出另一种美感。

景福宫占地面积约50公顷，也是规矩的正方形宫殿。每个方向各有一个城门，东面是建春门，南面是光化门，西面是迎秋门，北面是神武门，南面光化门为正门。宫内有勤政殿、交泰殿、慈庆殿、庆会楼、香远亭等殿阁。

勤政殿是景福宫正殿，也是韩国古代最大的木结构建筑，是举行正式仪式和接受百官朝拜的地方。广场的地面铺设花岗岩，分为三条道路。中间的道路稍

高，是供国王行走的地方，两侧的路稍低，则是文武百官所走的路。勤政殿四周以回廊环绕，屋顶冠以两层重檐，屋顶出檐很长，在阳光下会产生很深的阴影，使得整个建筑物有着鲜明的立体感，显得庄严、壮观。勤政殿往内则是寝宫，在王妃的居所中，设计上增添了不少女性的气息，以秀丽柔美的花纹进行装饰。御花园内有精心设计的人工池塘，莲池、石阶、泉水错落有致，带有明显的唐朝园林布局风格。

东北亚由中国、朝鲜、日本等国组成。其文化特点是以中国文化为基调，在文化的各个方面均表现出相对的共通性；在文化的发展演变上，带有系统的整体性和连动性的特征。

总体来说，东北亚建筑文化的形成，是以佛教建筑为基础和纽带的。并以中国佛教的形式向外辐射产生，朝鲜半岛的高句丽、百济、新罗等三国，不但自己吸收了中国的建筑文化，而且还在中国建筑传入日本的过程中，充当了传播的桥梁和老师。

高句丽时代的建筑特点：坟冢、石材构筑、仿木、斗拱、叉手逼真，补间用人字拱，角柱上置重拱，柱身上端没有阑额和普拍方，栌斗直接坐在柱头上，与汉明器做法类似。

新罗时期的石塔形式也同唐朝相似，如佛国寺多宝塔等，逼真模仿木构。

高丽时期，在晚唐、五代至北宋建筑演变的影响下，渐趋端丽而略减豪放，采用了梭柱、月梁、生起等做法，形式相当柔和。

朝鲜时期，崇儒灭佛，佛教建筑从此大衰，城郭和宫殿建筑发达。

住宅:一般是单层,内院式,不同于四合院,无轴线,四面连续,门窗内外均有。

古东亚建筑代表:

公元 **1042** 年　朝鲜妙香山普贤寺(高丽时期)

公元 **1395～1398** 年　韩国首尔崇礼门(朝鲜王朝太祖时期)

公元 **1620～1624** 年　日本京都桂离宫(Katsura Rikyu)

仰韶文化遗址
——原始的华夏建筑

上古穴居而野处，后世圣人易之以宫室，上栋下宇，以待风雨，盖取诸大壮。

——《易经》

众所周知，最早期的人类大多是穴居的，当时的人们根本不懂得建造居所，因此只能选择天然的洞窟挡风避雨。而在选择洞穴的时候，为了生活的方便，人们会自然地选择靠近水源的洞穴，以便取水和渔猎，同时，洞口不能太低，否则洞穴很容易被水淹没，而洞口一般都朝向南方，以防备冬天的刺骨寒风。渐渐的，原始人还开始学会自己开凿洞穴，以便让它更适合自己的生活需要，同时，他们还学会了搭建树枝以遮蔽雨水，并对洞穴内进行简单的修整。

当然，除了穴居之外，还有一部分的原始人是采用了巢居的居住方式，《韩非子》中就记载古代有圣人“有巢氏”教人们搭建树巢，以避开地上的毒蛇猛兽。也就是说，他们选择了在树上用枝干搭建巢穴，像鸟一样生活。

穴居和巢居是最原始的两种居住方式，而这两种方式都给予了原始人运用一些简单的材料进行建造的机会，而这些简单改造的进行，也正是建筑正式开始的序曲。

1921年，瑞典地质学家、考古学家安特生来到了河南渑池县的仰韶村。本来他是受当时的中国政府聘请来勘探矿产的，不过很快他就发现，在仰韶有一些年代久远的彩陶和石器。安特生很清楚，这些碎片背后，隐藏着的很可能是一个巨大的遗迹，他很快征得了政府的同意，开始在当地进行挖掘，而他所挖出来的，正是中华文明的重要源头——仰韶文化。

仰韶文化中已经有了规模完整的巨大村落。大型的村落布局已经相当规范严谨，一般来说，村落都会选在河流边，以保持生活用水的方便，房屋都是圆形或方形的单间房屋，村子周围会有围沟，村落外北部为墓地，东边则设置窑场。房屋多用泥修建而成，并进行过烤制，以保持其坚固性。

人们甚至还发现此时已经有了特大的半地穴式房址，其结构已经相当复杂。

房屋分为半地穴、木结构和地面上墙体三个部分，室内有立柱支撑，还有斜坡式门道，布局井然，已经是完善的房屋建筑结构了。有些特殊的建筑在修建时还会加入红砂，可见当时的人们已经开始注意建筑的形制和美观。

中国原始社会时期是指从大约50万年之前原始人群出现到夏朝建立这一漫长的历史时期。

早期的中国建筑无疑也是从穴居进化而来的，之后发展出了夯土和木结构建筑。早期的建筑大多已经消失，但还可以从保存下来的遗迹中窥其一斑。

地下穴居的口部用枝干茎叶杂乱铺盖的临时遮掩，便是“屋”(屋盖)的雏形。随着棚盖制作技术的熟练和提高，其空间体量不断加大，于是便形成浅袋穴的半穴居。建筑开始慢慢向地面发展，最终成为了完全的地上建筑。

同时，随着石斧等工具的运用，人类开始对木材进行加工，并开始修建木结构住宅。比如在河姆渡遗址就已经发现了早期的干阑式建筑，此时的木结构建筑已经采用榫卯技术构筑木结构房屋，有了较为精细的卯、启口等，是早期木结构建筑的雏形。

华夏原始建筑代表：

距今约6 000～7 000年前　河姆渡文化遗址(浙江余姚)

距今约5 000～6 000年前　红山文化遗址(内蒙古赤峰)

距今约6 000年前　半坡文化遗址(陕西西安)

高台建筑
——楼阁台榭夏商周

乃召司空,乃召司徒,俾立室家。其绳则直,缩版以载,作庙翼翼。捄之陾陾,度之薨薨。筑之登登,削屡冯冯。百堵皆兴,鼛鼓弗胜。

——《诗经·大雅·绵》中关于版筑工程的描写

在先秦的历史典籍中,有很多关于高台的故事。《战国策》里就记载,燕昭王一心治国,四处物色合适的治国人选,但一直没有找到。大臣郭隗知道了,便给燕昭王讲了一个千金买马骨的故事,说只要大家知道大王是真心求才,那自然会趋之若鹜,不必担心没有人来了。燕昭王觉得很有道理,于是立刻修建了精美的住所赐给郭隗,恭敬地对待他,并且在京城的东边修建了一座高台,取名招贤台,广招天下贤士。人们见燕昭王诚心求才,纷纷来投,燕国也因此兴盛了起来。

与燕昭王筑台求才不同的是,那位大名鼎鼎的“楚王好细腰,宫中多饿死”的楚灵王修建高台则是为了享乐。史书中记载,楚灵王动用了10万工匠,耗费了6年时间,修建了一座高达30仞的高台,名为“章华台”,楼台之高,需要休息三次才能爬到台顶。

而那对有名的大冤家勾践和夫差也各自建造了高台。夫差为西施修建了姑苏台,“三年乃成,周旋曲诘,横亘五里,崇饰土木,殚耗人力,宫妓数千人。上别立春宵宫,作长夜之饮”,他大兴土木,淫乐无度,却不知亡国在即。而对手勾践的越王台,则是用来卧薪尝胆、提醒自己莫忘仇恨的地方。最终的结局如何,也都尽在其中了。

可见,高台建筑在夏商周时期是非常普遍的。最早的时候人们对于木结构建筑并不了解,但从夏朝开始,随着黄土分层夯筑技术的进步,人们已经可以建造起牢固稳定的平台了。到了周朝,夯筑技术进一步成熟,而且人们也开始懂得用木柱加固建筑,此时已经有了一整套完整的版筑工具和技术,也懂得以模具进行标准化建造,这样,高台建筑随之发展,也越来越普遍了。

可以推想,高台这种建筑的出现,最早是为了满足人们登高远眺的目的,而有记载的最早的高台，应当是周文王用来观察天象的天文台。后来，文王建灵沼、灵台，本意虽是供帝王赏玩景色的地方，但并不禁止人民入内渔猎。再往后发展，随着"高台榭、美宫室"的风气盛行，各国贵族们竞相修建宫室，夸耀实力，豫章台、琅琊台等诸多名台陆续被建造了起来，高台也成为了当时最有代表性的建筑。

当然，在当时能够享用它的，也只有帝王之家了。后来随着建筑技术的进步，烽火台、钓鱼台、点将台等各式各样性质的高台都出现了，台的形制开始多样化发展起来。高台，始终是夏商周时期最有代表性的建筑。

从公元前21世纪第一个奴隶制朝代夏朝的建立，到公元前476年东周的衰败，前后约1 600年，是中国建筑的一个大发展时期。

到了商朝，当时已经有了较成熟的夯土技术。商朝后期建造了规模相当大的宫殿和陵墓。西周以后，由于诸侯国之间争斗不断，对防御军事工程的要求也不断提高，夯土技术得到了进一步发展。统治阶级营造了很多以宫室为中心的大小城市，城市用夯土筑造，宫室多建在高大的夯土台上。

同时，早期简单的木构架长期以来经过不断改进，已成为中国建筑的主要结构方式。从出土的周朝铜器可以看出，当时人们已经创造出了形制优美的斗拱，以及栌头、门、勾阑等，并有了简单的组合形式，而干阑结构则已经普遍应用。

在那个时期，宗法制度森严，对于宗庙建筑都有严格的规定。城市的设计已经开始采用方形城郭，正角交叉街道的方式。而当时游猎之风盛行，故多喜修建园囿、亭榭和高台。

夏商周建筑代表：

公元前1900～1500年　二里头宫（河南偃师）

公元前1400～1100年　殷墟（河南安阳）

神秘的地下宫殿
——秦陵汉墓

中国建筑发育时期，建筑事业极为活跃，史籍中关于建筑之记载颇为丰富，建筑之结构形状则有遗物可考其大略。

——梁思成《中国建筑史》

1974年3月的一天，山西临潼县西杨村的居民打算打一口井。他们劳动了半天，没打出水来，却在地底挖出了一颗人头。众人定睛一看，这不是真人的头颅，而是一颗陶制的人头。陕西地下处处是古墓，开地打井时常能挖出东西来，居民们早已经见怪不怪了，知道这必定是哪座墓室中的陪葬，也就没再多注意。此时的他们还不知道，他们所挖到的，是数千年来人们追寻不止的一条线索，它所引出的，就是那赫赫有名的秦始皇陵。

公元前221年，秦始皇嬴政正式统一中国，成为了历史上第一位真正的皇帝。这位千古第一帝，似乎特别喜欢浩大壮观的工程，除了修建万里长城之外，登基不久，他就已经开始为自己的身后打算，着手修建一座足以让他死后安枕无忧的巨大陵墓。

陵园从他即位的第二年开始修建，直到公元前208年完工，总共动用了70多万人，整整修建了39年，工程之巨大，令人叹为观止。但按照郦道元在《水经注》中的记载，当年项羽火烧咸阳，除了阿房宫被付之一炬外，秦始皇陵园的地上建筑也都未能幸免。此后，秦始皇陵也就只剩下了地下建筑的部分。

陵园位于骊山，占地足有50多平方公里，完全仿造秦国都城咸阳的布局建造，呈回字形结构，有内外两重城垣，在内城和外城之间，有数百座的墓坑，比如葬马坑、陶俑坑、珍禽异兽坑、人殉坑等等。连被誉为“世界第八大奇迹”的兵马俑，也只不过是宏大陵墓中一部分陪葬坑的作品，相信在整座陵园中，还有着更多的陪葬品包围着内城，守卫着秦始皇的安宁。

而这一切只不过是人们已经发现了的部分，整个秦始皇陵究竟有多大，其中又有多少珍贵的文物，至今还是一个谜。《史记》中记载始皇陵：“穿三泉，下铜而

秦始皇陵外部

致椁，宫观百官奇器珍怪藏满之，令匠做机弩矢，有所穿近者辄射之。以水银为百川江河大海，机相灌输。上具天文，下具地理，以人鱼膏为烛，度不灭者久之。”《史记》将秦始皇的陵墓描述成一个布下了天罗地网的坚固堡垒，不过现在的研究已经证实，始皇陵中确实有着完善而先进的地下排水工程，而且以水银环绕保护，进而成功地避免了盗墓贼的盗窃。

到了今天，就算有着无数的先进设备，人们依然不敢轻易开启这座世界上最大的地下皇陵，而其中究竟还有多少秘密，也许只能等待后人去发掘了。

秦始皇统一中国，立刻开始了大规模扩建咸阳宫殿，集中仿建六国宫室，使战国时各国建筑艺术和技术得以交流，为形成统一的中国建筑风格开创了先河。秦朝建筑多为规模宏大的大型工程，比如阿房宫、始皇陵等。

早期的汉朝建筑承袭了前朝高台建筑形式和纵架结构，但到了西汉末期高台建筑逐渐减少，并且由于结构技术的发展，楼阁建筑开始兴起。当时的殿堂室内高度较小，不用门窗，只在柱间悬挂帷幔；多建筑阁道、飞阁，现在还可以看到那种层层叠垒的井干或斗拱结构形式。

东汉基本上继承了西汉的建筑方式，木建筑结构方式进一步发展，大量使用成组斗拱，外观日趋复杂。但与西汉所不同的是，这一时期石料的使用增多，特别是在墓室中用砖石拱券取代了木椁墓。

另外，东汉时期还留下了丰富而详尽的建筑形象资料，许多陵墓和宗祠的壁画、石阙上，都绘制雕刻有当时建筑的形制，有助于人们了解当时的建筑特征。

秦汉建筑代表：

始建于公元前 306 年　秦汉长城（西起甘肃，东至辽东）

始建于公元前 350 年（秦孝公十二年）　秦咸阳城（陕西咸阳）

始建于公元前 212 年（始皇三十五年）　阿房宫遗址（陕西西安）

始建于公元前 139 年（汉武帝建元二年）　茂陵（陕西西安）

始建于公元前 138 年（汉武帝建元三年）　上林苑（陕西蓝田至终南山）

祥和的梵唱
——塔窟苑囿南北朝

虽在当时政治动荡，战争频繁，民不聊生的情况下，宫殿与佛寺之建筑活动仍极为澎湃。

——梁思成《中国建筑史》

从汉武帝时期张骞通西域之后，丝绸之路就成为了中国和中亚交流的重要通道，当西方的香料、植物源源不断进入中国的时候，来自印度的佛教也跟随而来。到了南北朝时期，佛教更是迅速发展起来，成为了广为接受的宗教。而佛教的进入，除了给中国的哲学家和文学家带来了新的思想之外，也给中国的建筑师们带来了新的创作题材和创作灵感。

北魏年间，佛教已经相当兴盛，上至皇亲下至平民，大多信佛。可是，佛教的兴旺却损害中国的本土宗教道教的利益，两大教派的矛盾越来越深，已呈水火之势。太武帝拓拔焘原本笃信佛教，后嵩山道士寇谦之晋见献书，得到拓拔焘的信任，使他渐渐偏向了道家，甚至将年号改为"太平真君"，大肆宣扬道教，并开始限制佛教的发展。公元445年，卢水胡人盖吴起义于杏城，聚众数十万之多，拓拔焘率军亲征，到了长安，谁知却在长安佛寺中发现了大量武器，还有藏匿女人、财物和酒具的密室，拓拔焘大为恼怒，于是下令诛杀天下沙门，尽毁佛经佛像。

幸好太子拓跋晃一向仁慈信佛，他缓宣废佛诏书，也让一部分的僧人得以逃脱厄运。事情过后，幸存的沙门多因害怕而还俗，但却有一人坚持了下来，他就是僧人昙曜。昙曜此人始终信佛礼佛，就算在逃难的日子里，他也在一般的平民服色下穿着僧衣，以示忠贞。

拓拔焘去世后，他的孙子文成帝即位，他知道父亲一向信佛，决定再兴佛寺，于是邀请了昙曜到京城会面。昙曜来到京城，在路边等着文成帝的召见。不久，文成帝骑着御马出来，马儿不用人指挥，便走到了昙曜面前叼起了他的衣角。文成帝见此情景，知道昙曜乃得道高僧，于是奉他为帝师，并命他在武周山山谷北面石壁开凿窟龛，修造佛像，重兴佛法。

昙曜来自凉州，他亲眼见过敦煌鸣沙石窟中精美的雕像，也非常熟悉西域佛影窟的体制，因此对于石窟的设计和构思都非常熟悉。他很快便开凿了五座石窟，每座窟内都有一尊高40多尺的石像，雕像气势宏伟，设计精美，技法娴熟，具有强烈的西域风情特色。

昙曜五窟

“昙曜五窟”完成后，文成帝之下的历代帝王们纷纷对此进行加建，40年的时间里，云冈石窟已经从最早的5窟，变为了有窟龛252个，造像51 000余尊，绵延30多里的大型石窟群。石窟中的佛像高的达数十米，而小的则不过几厘米，造型生动，形象逼真，雕饰细腻，皆是难得一见的艺术珍品。

1 000多年以后的今天，当你漫步于这永恒的石像间时，也许还能听到千年前，由昙曜奏响的、那祥和的梵唱。

魏晋南北朝时代是中国的大分裂时代，但同时也是第一次民族大融合出现的时代，少数民族的独特风格为当时的建筑艺术带来了新的格调。同时，这个时期佛教传入中国，佛道大盛，统治阶级修建了大量的寺庙、石窟等，带来了建筑工艺新的领域。

这一时代的建筑，在继承前代的基础上有所创新，比如说在工艺表现上吸收了“希腊佛教式”那种生动圆润的雕刻风格，饰纹、花草、鸟兽、人物等的雕刻都与汉朝有所不同。

此时期建筑艺术及技术在原有的基础上进一步发展，楼阁式建筑越来越普遍，平面多为方形。斗拱方面，人字拱的形象也由起初的生硬平直发展到后来优美的曲脚人字拱。屋顶方面出现了屋角起翘的新样式，且有了曲折，使体量巨大的屋顶显得轻盈活泼。

魏晋南北朝建筑代表：

始建于后秦年间　麦积山石窟（甘肃天水）

始建于公元366年（前秦建元二年）　莫高窟（甘肃敦煌）

始建于公元494年（北魏太和十八年）　龙门石窟（河南洛阳）

始建于公元516年（北魏熙平元年）　永宁寺（河南洛阳）

西北望长安
——隋唐五代

唐为中国艺术之全盛及成熟时期。因政治安定,佛道两教兴盛,宫殿寺观之建筑均为活跃。天宝乱后,及会昌、后周两次灭法,建筑精华毁灭殆尽。现存实物除石窟寺及陵墓外,砖石佛塔最多。

——梁思成《中国建筑史》

对大部分的中国人来说,长安城绝对不仅仅是一座城市,它更是一种精神的象征。它是属于那个最辉煌最开放的时代的见证,它有着繁荣的经济,有着乐观自信的人民,有着海纳百川的胸襟,有着万国来朝的气度,而这一切,从这座城市的建造中,便可以窥见。

自汉朝开始,长安就是皇都。汉朝的长安城占地有900多公顷,城墙高达3.5丈,通往城门的大道可以并行四辆马车,街道两边绿树成荫,是中国有史以来最宏大的城市。但从西汉建都到隋朝的数百年间,长安城历经多年战乱,早已经残破不堪,原本的都城狭小,根本不能满足增长的人口的需要;城中宫殿、官署和民居都混杂一处,极为不便;而且由于长安地势低洼,生活用水遭到污染,盐碱化程度严重,已经无法供人使用。为此,公元582年,隋文帝下令营建新都,重建长安城。

就这样,重建长安城的任务交到了宇文恺手中。宇文恺是北周宗室后人,因为才华出众,加上他与兄长都拥戴隋文帝杨坚,因此被留在文帝身边,颇受重用。宇文恺善于规划,精通建筑,曾经为隋文帝监造了不少重要工程,而对于文帝这新的命令,他自然不敢怠慢,使尽浑身解数,建造起了一座足以傲视古今的宏伟都城。

宇文恺首先对长安城的地形进行了详细的勘察,最终选定了长安东南一带的平原地区,此地一面靠山,三面临水,风景秀丽。宇文恺修建的长安城足有84平方公里,都城用高约6米的城墙环绕,四面各有三座城门,以便出入。城内各种设施划分明确,全城由宫城、皇城、郭城组成,宫城位于南北轴线的北部,城内分为三个部分,中部为大兴宫,是皇帝居住、听政的地方;东部为东宫,为太子居住和办理

长安城模型

政务之地;西部为掖庭宫,是宫女居住和学习技艺的地方。宫城的南面是皇城,是各级政府机关办公所在。郭城又叫罗城、京城,是专门的居住区。郭城的东西两面各有一市,东为都令市,西为利人市,这就是商业区了。这种将宫城、机关、居民区和商业区划分开来的设计方式,在很长一段时间内都是中国城市设计的模板。

在城中,主干道朱雀大街足有150米宽,而其他的道路也多有40米以上的宽度。道路整齐划一、南北通畅。除此之外,所有的路面上都铺设了砖石,道路两旁有排水沟,还栽有树木。而且,宇文恺引水入城,在城中开挖了三条水渠,既解决了城中居民的用水,又为城中增添了不少景致。

这座规模宏伟的城市仅仅耗费了半年的时间就建成了,这不能不说是世界建筑史上的一个奇迹。短短的隋朝过后,唐朝人以他们更开阔的气度赋予了这座都城更多的雄奇,壮丽瑰奇的大明宫、由世界各地传播来的宗教建筑,更多的文化为这座城市带来了更多的精彩,使得它成为了全世界人们都渴望朝拜的圣地。

可惜的是,这辉煌的城市已经在历史动乱的尘嚣中消失,要见识它的风采,只能从日本的京都和奈良中感受它曾经的壮丽,但影子不过只是影子,那不可一世的骄傲和风度,却早已经无处寻觅了。

隋唐是中国历史上一个较长的强盛、繁荣发展时期,这个时代的建筑也达到了很高水平,修建了规模巨大的都城、宫殿,庄严的寺庙以及优美的园林,形成了成熟、完善而规范的设计手法。

隋朝建筑是南北朝建筑向唐朝建筑转变的一个过渡,此时的斗拱还比较简单,鸱尾形象较唐朝建筑更显清瘦,但建筑的整体形象已变得饱满起来。唐朝建筑在隋朝基础上进一步发展。它重视整体的和谐感,多用凹曲屋面,屋角翘起,内部空间组合变化适度,造型质朴,气度恢宏,相容并包,是时代精神的完美体现。

因为规划设计手法的完备,许多的大型建筑都在很短的时间内完成,比如面积是紫禁城4.8倍的大明宫，只用了一年多的时间就修建完成了。

隋唐时期的城市和建筑，是中国建筑发展历程中达到的又一个高峰，而且，这一时期的建筑对中国周边国家如朝鲜半岛和日本的建筑产生了深远的影响，成为它们木结构建筑体系的重要来源。

大明宫复原图

隋唐建筑代表：

建于公元605～618年（隋大业年间）　安济桥，又名赵州桥（河北赵县）

建于公元636年（贞观十年）～649年（贞观二十三年）　昭陵（陕西礼泉）

始建于公元644年（贞观十八年）　华清宫（陕西西安骊山）

建于公元707～709年（唐景龙年间）　荐福寺小雁塔（陕西西安）

建于公元857年（唐宣宗大中十一年）　五台山佛光寺大殿（山西忻州）

“鱼沼飞梁”
——内敛多样的宋、辽、金建筑

五代赵宋以后，中国之艺术，开始华丽细致，至宋中叶以后乃趋纤靡文弱之势。

——梁思成《中国建筑史》

西周初年，周武王姬发驾崩，他的太子姬诵继位，为周成王。因为太子年幼，便由周公姬旦辅政。

有一天，姬诵与弟弟叔虞一起在宫中的大梧桐树下玩耍，玩得兴起，姬诵随手捡起了一片梧桐叶，把它剪成了玉圭的形状送给叔虞，并对他说：“我用这个来赐封你。”玉圭是一种标明身份等级的器物，由周天子赐给诸侯，在朝觐时他们需将玉圭执于手中，作为身份地位的象征。

这时，正好周公走了过来，他听到姬诵的话，立刻恭喜叔虞被封。姬诵见周公如此认真，赶紧说：“我是开玩笑的，我们这是在玩呢！”谁知周公却说：“天子无戏言，出口成宪。且天子之言需载之史书，并被乐师歌颂，士人称道，哪能够出尔反尔呢？”

姬诵听了，觉得周公所言甚是，于是便挑选吉日，要封叔虞为诸侯。此时正好唐国叛乱，周公前去平叛，战乱平息之后，姬诵便将叔虞封为了唐国的诸侯。叔虞来到唐地之后，励精图治、爱民如子，他带着百姓开垦荒地、兴修水利，将贫瘠的国土变为了安居乐业之所，成为了广受百姓爱戴的国君。

叔虞过世之后，他的儿子燮即位，因为国内有晋水，便改国号为“晋”。为了纪念唐叔虞的德政,后人在晋水的源头悬瓮山下,修建了一座祠堂来祀奉他,这就是"晋祠"。

晋祠最早的创建年代已经无从稽考了,根据北魏郦道元的《水经注》相关记载可以知道,晋祠的存在应该是在北魏以前,也就是说,它应该有着至少1 500多年的历史了。今天我们看到的晋祠,则是经历代之功修建而成的。而今天还能看到的最重要的建筑,就是北宋天圣年间修建的圣母殿和鱼沼飞梁了。其中的鱼沼飞梁,更是难得一见的宋朝建筑精品。

沼是指方形的水池,古人以圆形为池,方形为沼,鱼沼则是因其池中多鱼;飞梁是指桥横跨水面,犹如鹏鸟飞渡,"架桥为座,若飞也","飞梁石磴,陵跨水道",因此名飞梁。鱼沼飞梁位于晋祠主殿圣母殿前的水池上,是一十字形桥,东西桥面宽阔,通往圣母殿,南北桥面则斜斜如鸟飞之翼,有蓄势待发之妙。沼中立有34根小八角石柱,柱头置木斗拱与梁枋,斗上是十字相交,承接石头桥板与石栏杆,各石柱受力角度、分布间距皆不同。

这种造型奇特、形状优美的十字形桥梁极为罕见,是现存宋朝桥梁的珍品之一,也是我国现存古桥梁中的孤例。1936年,著名建筑师梁思成来到晋祠见到此桥之后曾经感叹:"此式石柱桥,在古画中偶见,实物则仅此孤例,洵属可贵。"由此可见其珍贵。

宋朝建筑缺少了唐朝雄浑壮阔的精神气质,体量较小,斗拱的承重作用大大减弱,且拱高与柱高之比越来越小,但此时的建筑绚烂而富于变化,各种形式复杂的殿、台、楼、阁一一出现,比如原本在结构上起重要作用的昂,有些已被斜栿代替,补间铺作的朵数增多,呈现出一种细致柔美的风格。

另外,宋朝对于建筑构件、建筑方法和工料估算等标准,做了进一步的总结和规范,并出现了《营造法式》和《木经》等总结性著作。

辽国建筑基本上未受后期中原和南方的影响,保持着五代及唐朝的风格,而且由于游牧民族本身豪放不羁的性格,辽国建筑显得庄严大气、潇洒自然。另外,契丹族信鬼拜日、以东为上,因此辽国有些殿宇是东向,与其他的建筑有所不同。

金国工匠都是汉人，因此金国建筑兼具宋、辽风格，但更接近柔丽的宋朝建筑，且不少作品流于繁琐堆砌。

宋辽金三代都很重视宫殿的修建，皇家造园艺术得到了发展，艮岳、花石纲等均为该时期的重要造园手法，同时城市建设也获得了极大的发展。

宋辽金建筑代表：

建于公元 971～1085 年　隆兴寺（河北正定），现存寺院为宋朝扩建

建于公元 1049 年（辽重熙十八年）　庆州白塔（内蒙古巴林右旗）

公元 1108 年（宋大观二年）重建　滕王阁（江西南昌），原滕王阁建于唐永徽四年，后坍塌

建成于公元 1192 年（金明昌三年）　卢沟桥（北京西南）

“大漠孤烟”喇嘛寺
——异域的元寺庙

角垂玉杆,阶布石栏。檐挂华篁,身络珠网。珍铎迎风而韵音,金盘向日而光辉。亭亭岌岌,遥映紫客。

——《长安客话》里对白塔的形容

1260 年,元世祖忽必烈即位,以燕京(即北京)为中都,将政治中心南移。1271 年,他正式改国号为大元,将北京定为大都,自此,元朝正式建立了。

就在元朝正式建立政权的同一年,忽必烈还亲自下了一道命令,要在北京城修建一座佛塔。究竟这座佛塔有何重要性,要让忽必烈在刚刚建都的关键时刻特意下这样的命令呢?

原来,蒙古族原本信奉的是萨满教,但随着藏传佛教的传入,他们开始渐渐信奉藏传佛教,并将之奉为了国教。忽必烈希望能够推行他“以儒治国,以佛治心”的方略,自然要在建国初始就开始弘扬佛法,实现他安国的目的。其次,在元朝推行藏传佛教,必然可以讨得西藏上层人士的欢心,得到他们的支持,有助于元朝无后顾之忧地扫平整个南方,于是忽必烈才急急忙忙下了这道修建佛塔的命令。

这项工程交给了来自尼泊尔的工匠阿尼哥。尼泊尔也是个信奉佛教的国度,许多工匠都终生从事佛教建筑艺术。当初阿尼哥随着工匠们来到西藏,为元朝的国师八思巴修建了一座精美的黄金塔。阿尼哥精巧的技艺很快被八思巴看中,便推荐他到了北京,为忽必烈修建佛塔。

佛塔的塔址选择在了辽代的一座寺庙里,因为这里发现过释迦牟尼的佛舍利。经过深思熟虑,阿尼哥决定依照尼泊尔式样的佛塔来修建,他夜以继日,足足耗费了 9 年的时间,才修好了这座壮观的佛塔。

建成的佛塔高达 50.9 米,暗含九五至尊之意,因为表面涂抹着白灰,所以人们多称呼它为“白塔”。这座白塔整体像一个倒置的钵盂,下部由一圈有 24 个巨大花瓣组成的莲花座和塔座相连,塔身上有一座下粗上细的呈圆锥状的相轮,因

相轮有13道圆环,也叫“十三天”。这座佛塔有别于过去传统佛塔的样式,呈现出了古印度覆钵式佛塔造型,将中尼佛塔建筑艺术完美地结合起来,以藏传佛教所沿袭的建造式样设计,可以说是一座典型的喇嘛塔。整座白塔设计精巧、计算准确,庄严中带秀美,稳重中自有灵动,是难得一见的建筑精品。

白塔建成,引起京城震惊,无数人前去瞻仰朝拜,时人更是称赞它“制度之巧,古今罕有”。而白塔建成之时,正是忽必烈统一中原之时,他尤为高兴,觉得此塔简直是给自己最好的一份贺礼。于是他亲自来到白塔,弯弓搭箭,向四面各射出一箭,箭弩所过之地,约16万平方米的土地尽皆划入,下令以白塔为中心,修建一座“大圣寿万安寺”,以展现其王者之都的气派。

不过,就在万安寺建成不过几十年后的1368年,一场大火就将整座寺庙化为废墟,只有这座白塔安然无恙,得以保留。再过了100年,一座新的寺庙在原地拔地而起,只是这次,它叫做妙应寺,而且是一座典型的汉传佛教寺庙,但历经风霜的白塔,还静静地伫立在寺庙中。

一座汉传佛教寺庙中却有一个藏传佛教覆钵式佛塔,这座独特白塔的存在,可能正是那个年代建筑风格的最好象征,两种文化如此和谐地交融。

元朝是蒙古统治者建立的少数民族政权,各民族的文化交流,使此时的建筑呈现出新的发展趋势。

元朝建筑一方面沿用了传统规则的结构方法,像汉族传统建筑的正统地位并未被动摇,正式建筑仍采满堂柱网。但另一方面,此时期大量使用减柱法,官式建筑斗拱的作用被进一步减弱,斗拱比例渐小,补间铺作进一步增多。而且,由于蒙古族的传统,元朝的皇宫中还出现了若干蒙古特色的建筑,比如棲顶殿、棕毛殿和畏兀尔殿等。

另外,因为蒙古统治者对宗教采取兼容并包的态度,宗教建筑获得了很大的发展。喇嘛教建筑得到了进一步的提高,建筑形式也获得了进一步的扩大。

在建筑装饰上，元朝继承了宋、金的传统，但进一步吸收了中亚的建筑手法。此时砖雕和琉璃瓦开始盛行，砖雕替代了瓦条屋脊，而琉璃色彩也趋向多样化。

元朝建筑代表：

始建于公元 **1345** 年(元至正五年) 居庸关(北京八达岭)

萨迦寺(西藏日喀则萨迦县)：萨迦北寺始建于公元 **1079** 年，南寺始建于公元 **1268** 年

建于公元 **1247** 年(元贵由二年)~**1358** 年(元至正十八年) 永乐宫(原位于三门峡，现迁至山西芮县)

始建于东汉 广胜寺(山西洪洞县)，元朝毁于地震，并重建

紫禁城
——明宫苑

元、明、清三代，奠都北京，都市宫殿之规模，近代所未有。此期间建筑传统仍一如古制。

——梁思成《中国建筑史》

公元1398年，明太祖朱元璋去世，皇长孙朱允炆即位，是为建文帝。朱允炆深知，诸位皇叔皆是年富力强之辈，心高气傲，岂肯甘居人下，尤其是明太祖四子燕王朱棣。他镇守北京，抵御外侮，功勋卓著，有赫赫战功在身，是个极受尊重的藩王，而自己年纪尚轻，并无任何才干功绩，如此登上帝位，他们岂能信服。各位藩王们手握重兵，占据着大明富饶之地，若有异心，则自己的地位难保。

思及此，朱允炆接纳了臣子黄子澄的建议，决定削藩。1399年，他在一日之内连废5王，引起诸王惊慌。可惜他太过优柔寡断，不敢从实力最强的燕王朱棣开刀，给了朱棣反扑之机，于是就在同一天，燕王朱棣以清君侧为名，起兵靖难。朱棣实力雄厚，又颇多实战经验，这厢朱允炆不肯担上杀叔的罪名，畏首畏尾，错失良机，导致朱棣很快攻入南京，夺了皇位，为明成祖。

在南京登基之后，朱棣很快就兴起了迁都的念头。他曾为燕王，封地在燕，对于北地早已经熟悉，而且身边的臣子们皆是随着他从北地迁来的，夺位之时所杀掉的南方士子文人又颇多，怨恨难消，令他对在南京定居始终有所忌讳。加上北京为边塞要害之地，北方边患不息，如果能迁都北京，加以箝制，才可保大明的和平稳定。终于，在永乐四年，他下令在北京修建宫苑，作为迁都的开始。

姚广孝被任命为皇都的总设计师。他在元大都的基础上，将整座京城设计成了一座方城，而紫禁城则在京城的正中央。紫禁城的设计由当时被称为“蒯鲁班”的蒯祥负责。蒯祥是苏州人，出生于木工世家，他的父亲就曾负责过南京宫殿的设计和建造。蒯祥手艺精巧，特别精于榫卯技巧和尺度计算，是赫赫有名的能工巧匠。

依照明成祖朱棣的要求，整座紫禁城的模式基本上依照南京宫殿和凤阳中都的形制建造，是典型的明朝建筑，只是在规模上进行了扩大。北京故宫严格按照《周礼・考工记》中“前朝后市，左祖右社”的帝都营建原则，前朝（外朝）有皇极、中极、建极三大殿，后朝有干清宫、交泰殿、保宁宫三大殿。六座大殿都位于全城的中轴在线，威严肃穆。宫内有各类房间 9 000 多间，所有的宫殿皆是木结构、黄色琉璃瓦和青白石底座，大气稳重，气势恢宏。身为苏州人的蒯祥更把具有苏南特色的苏式彩绘和陵墓御窑金砖艺术加入其中，在凝重的皇城氛围中增添了几丝生动的气韵，使得整座紫禁城的线条优美起来。

1420 年，明成祖朱棣正式迁都北京，入住了这座前所未有的宏伟宫殿，从此以后，这座紫禁城就成为了几百年来皇权的代表和象征，对我们而言，它更是一个时代建筑艺术的辉煌与华彩的最好展现。

明朝官式建筑已经达到了很高的标准化建造工艺，其用料精良、结构缜密、造型美观大方。而地方建筑比如祠堂、住宅等，作工讲究、装修精美，尤其是雕刻和彩绘细腻雅致，整体上均能呈现出明朝建筑典雅敦厚的特点。

随着生产力的发展，明朝手工艺技术大大提高。当时的砖石建筑技术尤其发达，不少建筑特别是佛寺庙皆用砖砌，以厚重的外墙来抗衡筒拱所产生的水准推力，称为“无梁殿”。同时，明朝的琉璃制作技术提高，产量增加，在佛寺、宝塔上得到了大量运用。

此外，明朝造园之风大盛，出现了专门的造园师，提出了相当多的园林建造原则，明末更是出现了造园专著《园冶》，对园林建造的经验和艺术要求进行了总结。

明朝建筑代表：

建于公元 1328 ~ 1398 年　南京明城墙（江苏南京）

始建于公元 1384 年（明洪武十七年）　西安明钟鼓楼（陕西西安），公元 1582 年（明万历十年）重修

始建于公元 1409 年（明永乐七年）　十三陵（北京昌平）

拙政园（江苏苏州）　原为唐陆龟蒙住宅，公元 1509 年（明正德四年）由王献臣买下重建

王家归来不看院
——羁直的"清式"建筑

黄山归来不看山，九寨归来不看水，王家归来不看院。

余秋雨在他的《抱愧山西》一文中，写到了他一直以来都以为山西是个贫困的省份，但终于发现，在清朝晚期，山西却是整个中国金融业的中心，遍布于北京和广州的票号，总部大多在山西平遥这个不起眼的小镇上。

这样的错觉恐怕不止余秋雨一个人有，而造成这种错觉的原因，大致可以从山西人稳重、内敛的性格上发现端倪。这种内秀的性格不仅让他们不动声色地聚敛了大笔的财富，也让他们建造起了一座座看似朴实，实则精致华贵的清式住宅。

当乔家大院因为张艺谋的电影和乔致庸的富贵史，而被炒作得沸沸扬扬的时候，没有人注意到，就在不远处，有一座更加精致、更加大气的宅子。它，就是被称作"民间故宫"的王家大院。

王家是清朝年间的大户，南宋年间由太原迁至灵石定居。到了清初，王家人丁兴旺，开始经商为生，靠着族人的踏实肯干，渐渐做成了大户，成为了首屈一指的富商巨贾。之后王家人便积极活动，上下打点，一边参加科举，一边积极捐官，最终族人中有 9 人成了举人，4 人考中了进士，家道兴旺，盛极一时。

中国人讲究安土重迁。名利既已双全，家财又丰厚，这时王家的第 14 代传人便打算好好地建一所宅子。这一建，便从清康熙年间一直修建到了嘉庆年间，历时数百年之久。

整个王家大院总共建有 8 888 间房屋，只比紫禁城少了 1 000 多间，而面积则比故宫还要大出 10 万多平方米，其规模之宏大，令人咋舌。而且，这座宅院在建造时，严格遵循着封建等级制度的要求，对尊卑长幼、男外女内的规矩丝毫不敢违逆，同时也严格遵循着清朝建筑的模式，以中轴线出发，背山面水，因山构筑，前厅后寝，丝毫不乱。住宅和厨房、餐厅等其他用房都严格分开，厨房和用餐的房屋也有严格的等级区分，分为上人（主人）厨房、上人餐厅；中人（管家、账房先生）厨房、中人餐厅；下人（佣人、家丁等）厨房、下人餐厅等，处处显示出官宦书香人家的规矩气度。

王家大院虽壮观，但出于山西人的沉稳厚重，他们并没有在外观上做各种眩

目的装饰，不同于皇家宫殿的红墙黄瓦，王家大院只是不起眼的灰黑色。可不要就因为这样以为它平凡无奇，这座与圆明园修建耗费的时间差不多的宅子，将大部分的精力都放到了细部的雕琢上。清朝的砖雕和石雕艺术已经发展到了极致，而王家大院则正是清朝雕刻艺术的集大成者，各种精致的雕刻遍布于屋檐、斗拱、照壁、门窗、神龛，造型奇特的花鸟虫鱼到处可见，雕工精细，形态逼真，各有其不同的寓意，皆是难得一见的清朝雕刻珍品。

到了今天，王家大院依然静静地躺在晋中平原上，安静、淡定，毫不炫耀，没有一丝喧嚣，见证着清朝建筑那内敛的光芒。

清朝是中国古代建筑的最后一个发展阶段，也是中国古代建筑艺术走向最成熟的阶段。当时，中国古代建筑发展已经完全成熟，形制基本固定，结构方面变化极小，建筑普遍趋向僵硬，只在类别及全局的布置上有些不同。因此这一时期也被称为古代建筑的"羁直时期"。

清朝留存下来的建筑实物最多，尤其是完整的建筑群很多。就建筑整体而言，其总体风格雍容、典丽、严谨、清晰。城市街巷规格方整，宫殿陵墓建筑定型化，基本上是依照清工部《工程做法则例》的规定建造的，但形制增多，手法多样。而且，清朝继承了前朝的造园艺术，造园工艺空前繁荣。

王家大院砖雕

和之前的建筑风格相比，清朝建筑风格变化不大，结构变化极少，主要变化有斗拱变小、攒数增多，斗栱的结构功能小、装饰效果强；出檐减小，举架增高等等。

清朝建筑代表：

建于公元1643年（清崇德八年）~1651年（清顺治八年）　清昭陵（沈阳）

始建于公元1694年（康熙三十三年）　雍和宫（北京）

建于公元1703年（康熙四十二年）~1790年（乾隆五十五年）　承德避暑山庄（河北承德）

始建于18世纪末　恭王府（北京），早期为和珅住宅，公元1851年（咸丰元年）赐给恭亲王

始建于1750年（乾隆十五年）　颐和园（北京）

第二篇

建筑设计理论与流派

莱奇沃思
——“田园城市”理论的发源地

我们长期的设想其实也是一个事实,在两种选择——城镇生活和乡村生活——之外,现在有第三种选择,这种选择将城市生活的积极与活力,以及乡村生活的美丽与快乐完美地结合起来,让人类社会和自然景观彼此和谐。

——埃比尼泽·霍华德

在伦敦北缘,距伦敦56公里的地方有一座花园般的城市——莱奇沃思。莱奇沃思地处英格兰赫特福德行政和历史郡北赫特福德区城镇,被称作“第一座田园城市”。所有学过城市规划的人都应该知道这样一座城镇,也同样必须认识埃比尼泽·霍华德(Ebenezer Howard)爵士。

继英国工业革命后,城镇化发展迅速加快。在19世纪中叶时,城镇化率就已经达到了50%的水平,城市开始出现过分拥挤的现象,大家都开始关注郊区的发展。直至20世纪初,英国的城镇化率已经超过了70%,人口和工业布局的郊区化也进入高速发展的阶段。于是,霍华德在1903年成立了以他为首的“田园城市有限公司”,与Unwin和Parker开始建设这座3万人、3818英亩的实验田——莱奇沃思(Letchworth),并使其成为了英国第一座按规划建造的花园城。它不仅成功地证明霍华德“田园城市”设想的可行性,更是给了世界一个新颖而独特的生活环境。

在莱奇沃思,城镇被农场所包围,居民在城内工作、生活,自由地呼吸干净的空气,享受着乡村中的繁华。在这里,土地归全体居民集体所有,投资商在此投资

开发必须交付一定费用的租金，小镇利润的全部也来自于此，100年后的今天依旧没有改变。唯一改变的是，如今的莱奇沃思已经成为拥有5 300英亩土地的园林城市，还成立了莱奇沃思花园城市遗产基金会对这里的房地产和慈善事业进行管理。

田园城市理论，实质上就是城市与乡村的要素融合，莱奇沃思便是第一个将其揉合的典范。虽然第二次世界大战给这座城市的发展带来了些许停滞，但却始终没能影响到这里的安宁与美丽。宜人的尺度和精巧的设计，带给城市的是安静与平和。据说在这里的农场，你还可以靠坐在咖啡馆的摇椅上，看着远处牛羊低头食草，农田麦浪摇曳的场景，或者徜徉于这条环绕莱奇沃思的长达13英里的步道上。若想要寻觅鸟语花香，朝林荫道里一钻，几个小时也舍不得出来。

1919年，经过英国“田园城市和城市规划协会”和霍华德的商榷，田园城市被准确地定义为：为健康、生活以及产业而设计的城市，它的规模足以提供丰富的社会生活，但不应超过这一程度；四周要有永久性农业地带围绕，城市的土地归公众所有，由一委员会受托掌管。

当然霍华德还曾经设想过若干个田园城市的集合，并称其为“无贫民窟无烟尘的城市群”。对于如今越来越关注生态环境的社会来说，他确实是一个有着远见和魄力的城市设计大师。

埃比尼泽·霍华德(1850～1928)

20世纪英国著名社会活动家，城市学家，风景规划与设计师，“花园城市”之父，英国“田园城市”运动创始人。1850年1月29日生于伦敦，1928年5月1日卒于韦林。当过职员、速记员、记者，曾在美国经营农场。他了解、同情贫苦市民的生活状况，针对当时大批农民流入城市，造成城市膨胀和生活条件恶化，于1898年出版《明日：一条通往真正改革的和平道路》一书，提出建设新型城市的方案。1902年修订再版，并更名为《明日的田园城市》。

德国新天鹅堡
——童话的浪漫主义

好好为我照顾这些房间,不要让它们被好奇的参观者污秽了,我在这里度过了一生中最严峻的时光。我不会再回到这里了!

——路德维希二世

德国拥有着世界上最多的城堡,但在众多的城堡中,唯一能竞逐"新世界七大奇迹"的,就只有新天鹅堡了。

新天鹅堡位于德国浪漫大道的最南端,拜恩州南部小城菲森(Fuessen)近郊的一个小山峰上,是被称为"疯子国王"的巴伐利亚国王路德维希二世(King Ludwing II of Bavaria)的行宫之一。

所谓古堡,多少会夹杂些许神秘和浪漫的色彩。身为国王马克西米安二世和玛丽亚皇后最年长的儿子,路德维希二世于1845年8月25日在慕尼黑近郊的宁芬堡出生。在他13岁时,女家庭教师给他讲述了理查德·瓦格纳即将完成的歌剧

《罗安格林》(*Lohengrin*)。歌剧讲述了10世纪时,布拉本特公国的公爵因年幼,其监护人伯爵泰拉蒙德摄政并萌生异志,与其妻共谋,以妖术将年幼的戈德菲公爵劫走化作天鹅,并且向德意志国王亨利一世控告公爵的姐姐埃尔萨为争夺王位而串谋夺位。为此,天国帕西尔王之子、圣杯的守护骑士罗安格林受命前来搭救埃尔萨的动人故事。从听到这个故事的那一刻开始,路德维希二世与"天鹅"就结下了无法割舍的情谊。但还有一种说法,据说国王一直暗恋着自己美丽聪慧的表姐,著名的茜茜公主,因为她曾送过他一只瓷制天鹅作为礼物,于是国王便将城堡命名为新天鹅堡。

整座新天鹅堡长140米,宽30米,上下5层,共有80多个房间,几个塔楼错落有致、高低相衬,从壁画到装饰物随处都可见天鹅的身影。这个浩大的工程足足花费了近17年的时间才建造完成,而这位国王正是城堡的设计者。除此之外,这位有着童话浪漫情结的国王建筑师,还设计建造了林德霍夫城堡(Linderhof)和基姆湖城堡(Herreninsel Castle),它们都坐落在德国阿尔卑斯山上。

就天鹅堡单个建筑来说已经是费用惊人,路德维希二世花尽了他所有的私人积蓄,并在要求追加额度时遭到了内阁大臣的反对。于是在1886年,天鹅堡尚未完工时,他被迫退位,3天后,他被发现神秘地淹死在山间史坦贝尔格湖(Sarnberger)里,死因至今仍是一个谜。而这座在当时备受诟病的奢华城堡,却在后人的手中得以续建,并成为了德国最值得骄傲的美丽风景。

浪漫主义的发源地是英国,它起源于18世纪下半叶到19世纪下半叶的英国和德国，与理性相对立，艺术上强调个人情感的表达，提倡自然主义，主张用中世纪的艺术风格与学院派的古典主义艺术相抗衡。欧美一些国家在文学艺术中的浪漫主义思潮影响下形成一种建筑风格，表现为追求超尘脱俗的趣味和异国情调，喜欢采用复古的设计手法，这就是浪漫主义建筑。

浪漫主义建筑主要限于教堂、大学、市政厅等中世纪就有的建筑类型，它在各个国家的发展不尽相同。

浪漫主义建筑代表：

始建于公元 1060 年　英国伦敦，英国议会大厦(Houses of Parliament)

重建于公元 1385 年　英国伦敦，圣吉尔斯教堂(St. Giles Cathedral)

公元 1887 年　英国曼彻斯特，曼彻斯特市政厅(Manchester Town Hall)

魅影歌剧院
——纯形式美的折中主义

认识折中主义的暂时性和经常发生性是重要的。一般说来，折中主义是一种过渡现象，在科学上，它不可能持久，它只是成熟着的科学发展过程中的一个阶段，或者说一种现象。它仅仅出现在一门科学或学科分支的早期阶段。随着一门科学或学科分支成熟起来，新的理论和研究领域得以建立，折中主义便会逐渐退出。

——马克思

一场神秘凄美的爱情故事，在 19 世纪的巴黎歌剧院的地窖里上演。相传那里住着一个相貌可憎的音乐天才埃里克，因为生来残缺的右脸，他戴上了奇怪的面具，为了躲避世人看到他时露出的惊恐和鄙夷的目光，多年来他像幽灵一般孤独地生活在歌剧院阴冷的地下室里。经过歌剧院的人们，偶尔会在黑夜里看到一个黑影从歌剧院飘过，于是人们给他取名“魅影”。他开始利用人们的这点心理以鬼魅名义滋生事端，恐吓走他瞧不起的歌手。

无意间，他听到了克里斯汀在歌剧院向上帝述说对父亲思念的祈祷，被这纯净甜美的歌声所打动，他决定开始暗中教导这个美丽温柔的女子。在他的指导下，克里斯汀成长了很多，很快便取代了剧团里首席女高音的位置。爱情总是伴随着事业来临，克里斯汀重遇了她童年两小无猜的伙伴，歌剧院的赞助商夏尼子爵劳尔。两人一见如故的倾心引来了“魅影”的嫉妒，多年来孤寂而自卑的埃里克在他异常的占有欲的驱使下，开始了一系列血腥的报复。他逼迫歌剧院上演自己谱写的《唐璜》，并在首映式上杀死了剧中的男主角亲自改扮上场，在众目睽睽之下扯下面具后将克里斯汀劫走。所有的人都落入了他设下的圈套，为了保住劳尔的性命，克里斯汀愤然地亲吻了他那张不可一世的脸。或许是这一吻化解了“魅影”心中的积怨，又或许是他明白这样的爱情不属于自己，在警察到达前，他悄然地离开，留下了那张凄凉而阴冷的面具。

这个发生在法国巴黎歌剧院的故事，已经成为了永恒的经典歌剧。不知道巴

黎人是不是比较爱拿面目丑陋的人说事,从巴黎圣母院的钟楼怪人到巴黎歌剧院的地下魅影……无一不在上演美女与野兽的童话故事,也给这座古老的歌剧院添上了古老神秘的色彩。

巴黎歌剧院是欧洲最大的歌剧院,依照法国人给剧院取名的惯例,这里应该被称作巴黎艺术学院,是供法国帝王观赏歌剧的地方。17 世纪法国歌剧开始形成自己独特的风格,事必躬亲的太阳王路易十四被佩兰和康贝尔在歌剧变革中的执著所打动,于是下令建造了史上第一座巴黎歌剧院——皇家歌剧院。不幸的是在 1763 年,它在一场大火中被毁。之后,拿破仑三世为了粉饰太平,又在 19 世纪 60 年代重修了歌剧院。据说他为此还特意举办了设计比赛,就连皇后都有参与,但最终却选择了夏尔·加尼叶的设计。

歌剧院剧场长 170 米,宽 100 米,当年初建时,观众席有 2 156 个座位,经历了法国大革命的洗礼,现在只剩下大约 1 400 个座位。巴黎歌剧院具有世界上最大的舞台,主台宽 32 米,深 27 米,加上主台后面的附台进深达 40 余米,可容纳 450 名演员同台演出。观众大厅呈马蹄形,这样的设计不论是视觉效果还是演出效果上来讲,都是最好的。前厅的豪华,比观众席还要大上数倍,这些再加上排练厅、舞厅等等,总面积达到了 12 250 平方米。

巴黎歌剧院的建筑设计理论与流派仍旧没有摆脱传统的意大利式样,歌剧院正立面的一层为拱廊,装饰有象征音乐、舞蹈和诗歌等艺术的雕刻。二层为柱高 10 米的科林斯式双柱廊,具有文艺复兴和巴洛克建筑的混合风格,在楼座的三面也都设有多层柱廊式包厢。只是巴黎歌剧院在建筑功能上更显成熟。

折中主义建筑风格,在 19 世纪上半叶至 20 世纪初的欧美国家风靡一时,特别是以法国、美国最为突出。折中主义建筑师将从历史建筑风格中学得的各种建筑形式,没有固定法则地自由组合在一起,形成一种只强调建筑比例的均衡,追求纯形式美的建筑风格。

从某种程度上来讲,折中主义建筑,只是一种对已有建筑形式的效仿和整合,并没有将时下出现的新建筑技术和材料运用到建筑建造中。不过,从另一

巴黎歌剧院内部

个方面，它却带给我们不同的思考方式，让人们更多地认识和掌握了以往建筑的精华。

折中主义建筑的代表作有：

公元 **1875～1877** 年　法国巴黎的圣心教堂（Sacre Coeru）

公元 **1885～1911** 年　意大利罗马的伊曼纽尔二世纪念建筑（Monument of Emanuele II）

公元 **1893** 年　美国芝加哥的哥伦比亚博览会建筑（Columbia Exposition）

红屋
——小资的工艺美术运动

不要在你家里放一件虽然你认为有用,但你认为并不美的东西。

——莫里斯

年轻画家威廉·莫里斯出生于埃塞克斯郡的一个富裕家庭。17岁那年,他的母亲被邀请参加伦敦海德公园举行的“水晶宫”国际工业博览会,出于对艺术的喜爱,他也跟随一同前往。可是这次的博览会并没有给莫里斯带来什么欣喜,却让他打从心底反感,因为他一向讨厌那种浮华的矫揉造作,也厌弃工业理智的刚性。直到他进入牛津大学神学院,特别是成为拉斯金的弟子之后,他开始明确反对工业化“为艺术而艺术”的口号,他看不起那些窝在家里闭门造车的艺术家,认为他们远离并脱离社会,他们的设计轻视实用价值,只是短暂地满足了当时人们的从众心理。

在他看来,舒适的生活需要一个象样的房子。为了给新婚的妻子一个安定的生活环境,他决定在乡间建造自己的新婚别墅——“红屋”,可是他找遍了整个城市,竟然没有找到一件适宜的或是他满意的装饰物,于是他决定自己操刀。他开始和自己的同事菲利普·韦伯共同设计用品。这是两个对中世纪艺术有着相同癖好的人,他们喜欢古老的色彩,他们认为装饰应强调形式和功能,突出实物的质朴,而不是去掩饰它们。

红屋是真正意义上的“红屋”,主体建筑完全用红色砖墙砌筑而成,裸露在外面,不加半点修饰。这和当时模仿宫廷建筑建造的诸多乡间别墅很不一样,可以说是离经叛道的。但他们认为只有这样的建筑才能配得上莫里斯这样的中产阶级身份。同时,红屋还用了不规则的构图:哥特式建筑的尖顶拱、高坡屋面;建筑物没有曲线和弧度,仅是直线和折线集合;特别是还采用了威廉式和安妮皇后式框格窗;可以说红屋是一个多种建筑元素的碰撞、揉合。

室内的装饰物,每一处、每一件都是设计师亲手设计完成的。特别是那张莫里斯妻子简·伯尔顿的画像。据说莫里斯与简·伯尔顿是在戏院里邂逅的,因为

简拥有白皙的肌肤、柔弱的身躯和浓密的深棕色头发,诸多的自然特性让她成为了莫里斯和他朋友眼中的女神,并被邀请成为他们创作壁画的模特儿,也可能就是这样的接触,让威廉爱上了这个出身低微的女子。在威廉一幅王后油画的后面,威廉向 17 岁的简表达了爱意:“I can’t paint you, but I love you.”很快,他们就在 1859 年共结连理,生下了两个女儿。

红屋中简的画像出自莫里斯好友罗赛蒂之笔。传闻他和莫里斯的妻子有过一段情话。婚后,聪慧的简·伯尔顿很快适应了上流社会的生活,并仰仗自己“女王”般的仪态和口音,经常出入伦敦上流文化圈。而莫里斯与简的感情也渐行渐远,红屋的长期居住者只有简和他们的女儿,还有就是为她画下《蓝色丝裙》的罗赛蒂。至于莫里斯,则是只身远走他乡,以致于晚年的时候简·伯尔顿仍声称自己从未爱上过莫里斯。

这些为红屋带来了更多浪漫悲情的色彩,但丝毫不能影响红屋带来的社会价值、建筑价值……

红屋,是威廉的第一件作品,它造就了他建筑设计的原则——对结构完整性的考虑,以及使建筑和建筑环境与当地文化密切结合。他认为,建筑中的每一样东西都应该是实用的,而且它的美丽必须是被人认可的。正是红屋,诱出了“住宅的复兴运动”。

工艺美术运动,起源于 19 世纪下半叶英国的一场设计改良运动,主要是为了抨击工业化的大量生产。建筑师们不堪忍受工业革命带来的复制性设计,特别是家居装饰、家具等。因为作品大多都来自于拷贝式的生产，设计师们的设计水平急剧下滑，就好比我们始终在穿同一件衣服一样，视觉上开始审美疲劳。为了打破这种共性，工艺美术运动开始。

这一运动给建筑带来了什么？那就是对最原始建筑材料的利用，特别钟情于红砖和石材。当然这就导致了另一个共性的产生，设计开始受到改革的新哥特式影响，趋于粗糙，多数是“乡村式”的表面设计，建筑物也大多是竖直和拉长的形状。感觉有为了摆脱一种长期的惯性而刻意做出的某种方式。

不管怎样，这一运动都给当时的使用者带来了耳目一新的感觉，也为后续建筑理论的发展开辟了新的道路。

威廉·莫里斯(William Morris,1834年3月24日~1896年10月3日)

英国人，曾就读于牛津大学埃克塞特学院，工艺美术运动的领导人之一，是设计师、讲师、社会主义者和民居建筑的推动者，对建筑有着特殊的喜好，但并不能称其为建筑师。他于1861年成立自己的公司，原名“莫里斯·马歇尔·福克纳公司”后改为“莫里斯公司”，主要从事家具、壁纸和纺织品等图案的设计，并在1877年创立了古建筑保护协会，致力于对古迹的维护工作。

米拉公寓
——曲线带动新艺术运动

尖锐的棱角会消失，我们所见的都是圆滑的曲线，圣洁的光无处不在地照射进来。

——高第

走在巴塞罗那帕塞奥·德格拉西亚大街上，有一幢建筑是你的眼光无法避开的，那就是被当地人称作“石头房子”的米拉公寓。在现代人的观点里，这简直就是一件让人兴奋的个性化的艺术品，它里里外外都充满了怪诞不经，不仅体现在凹凸不平的外墙上，还体现在那些莫名状的屋顶、烟囱上。可是据说当时这里的主人米拉夫妇并不青睐这个建筑。

米拉夫妇都是富有的人，在没有嫁给富商佩雷·米拉前，米拉太太本就是一个有钱的寡妇。他们在参观了高第在巴塞罗那建的另一个私人住宅巴特罗公寓后激动不已，期待也会拥有一个同样绮丽的住宅，于是高价聘请了高第为自己设计一座住宅。

现实和想象总是有所差异的，尽管工程如期进行，自始至终高第也没有给米拉提供住宅的设计图和预算支出，业主心里总是难免会产生疑惑。高第试图用沉默来解释这一切，但是米拉却不放过他，于是高第抵不住丢给米拉一张被他称作设计方案的皱巴巴的纸，“这就是我的公寓设计方案。”可怜的老头无可奈何，高第却满是得意，若无其事地说：“这房子的奇特造型将与巴塞罗那四周千姿百态的群山相呼应。”直到建造完成，高第仍旧相信这是他建造的最好的房子。

虽然历时 6 年才完成，但米拉夫妇并没有想象中那样满足，他们觉得该建筑

既显示不出贵族的典雅,也不够精巧华贵。幸好米拉夫妇没有毁了它,否则我们也看不到这个在1984年被联合国教科文组织纳入世界文化遗产名录的惊世之作了。

米拉公寓是高第在私人住宅上的封笔之作,目前已经改建成当地的博物馆。它完成于1910年,包括公寓和办事处。说它是建筑,其实更像是一座雕刻艺术品,整幢建筑中没有一处直角,通体用曲线构成,地面以上包括屋顶有6层,远看就像一条灵动的巨蟒,质感上有些粗糙,像是未打磨的巨大的有窟窿眼的水泥块,有被侵蚀或是被风化的感觉。在20世纪,这样的建筑应该是遭到非议的,多少有些离经叛道,骷髅、花蕾、怪兽、斗士、鱼在高第脑袋里过滤之后,被用到了米拉公寓的设计中,成为了用自然主义手法在建筑上体现浪漫主义和反传统精神最有说服力的作品。

米拉公寓被视为西班牙新艺术运动的开始。

新艺术运动起源于萨穆尔·宾(Samuel Bing)在巴黎开设的一间名为"现代之家"(La Maison Art Nouveau)的商店。1880年经营平面和纺织品设计,1890年转到了建筑、家具和室内设计,运用自由曲线模仿自然形态。

新艺术运动在建筑风格上反对历史式样,采用流动的曲线和以熟铁装饰的表现方式,试图创造适合工业时代精神的简化形式。但由于其仅限于在建筑形式上尤其是室内装饰的创新,而未能解决建筑形式、功能、技术之间的结合,因而很快就逐渐衰落。

新艺术运动最初的中心在比利时首都布鲁塞尔,随后向法国、奥地利、德国、荷兰以及意大利等地区扩展。

"新艺术派"的思想,主要表现在用新的装饰纹样取代旧的程序化的图案,受英国工艺美术运动的影响,主要从植物形象中提取造型素材。在家具、灯具、广告画、壁纸和室内装饰中,大量采用自由连续弯绕的曲线和曲面,形成自己特有的富有动感的造型风格。

"新艺术派"在建筑方面表现为:在朴素地运用新材料新结构的同时,处处浸透着艺术的考虑。建筑内外的金属构件有许多曲线,或繁或简,冷硬的金属材料看起来柔化了,结构显出韵律感。“新艺术派”建筑是努力使工业艺术与艺术在房屋建筑上融合起来的一次尝试。

米拉公寓楼顶

新艺术派建筑:

公元 1832 ~ 1923 年　法国,艾菲尔设计的艾菲尔铁塔,堪称法国新艺术运动的经典设计作品

比利时,维克多·霍塔设计的霍塔公馆,是设计师的巅峰之作,新艺术建筑的里程碑

公元 1852 ~ 1926 年　西班牙,高第设计的巴特洛公寓

芝加哥百货公司大厦
——昙花一现的芝加哥学派

胚芽是实在的东西，是性质之所在。在其微妙的结构中存在着力量的意向，功能是去寻找，最终发现造型完全的表现。

——路易·沙利文

芝加哥是一个在19世纪后期发展起来的城市。关于它的建筑故事，要从1871年10月8日开始说起。

那是一个星期天的晚上，大约8点45分的时候，一个叫凯特·奥利而瑞的农场主妇提着马灯来到自家的牲口棚，为的是照顾一头生了病的乳牛。倔强的乳牛或许只是为了跟女主人撒娇而已，不慎踢翻了凯特顺手放在棚内草堆上的油灯，顿时燃油四溅，火苗窜上了棚顶，任凭凯特如何地求救，火势也没有在前来帮忙邻居的努力下减小。大火将整个牲口棚烧起，牲畜们带着身上的火苗挣脱缰绳四处逃窜。也巧了，当天的夜晚刮起了西南风，火势顺着风向迅速扩散。那个年代的芝加哥，虽然有多处安装了新型警报器，可是这些警报器在使用前并没有经过测试，所以这场大火的扑救过程并没有得到太多消防队的支援。大火持续了30个

小时,美国当时发展最迅速的一个城市也以最快的速度被摧毁。据当局官方的数据显示,这次的大火带来的伤害不仅仅是300人命丧黄泉,更使近10万人变得无家可归,毁掉了全市将近1/3的建筑。

终于大火被星期一夜晚来临的一场倾盆大雨浇灭,可是悲剧并没有因为大火的熄灭而结束。面对2 124公顷的焦土,这一切来得都太突然,哭声、嚎叫声在芝加哥的上方久久不能平息……

归咎起来,即使没有那头闯祸的乳牛,同样的场景也有可能出现。只因当时的芝加哥几乎就是一个个的积木组合,一旦达到燃点,火势就不容易控制。水塔是这场战役里唯一的幸存者,也成为这段历史的见证。

芝加哥百货大厦细部

一场大火带来了一批来自不同国家的建筑设计师。芝加哥百货公司大厦就是这个时代的产物,它由著名建筑师路易·沙利文设计。整个大厦分成两期建造,从1899年开始,直至1904年落成。大楼采用了框架结构,但在细部处理上并没有回避花饰的雕刻,建筑的立面由白色的釉陶面砖装饰钢结构。临街面我们可以看到大量的横向大于纵向的大窗户,很有现代建筑的感觉,好像就是在预示将来……

芝加哥学派是美国最早的建筑流派,由工程师詹尼(William Le Baron Jenney,1832~1907)创立,他于1885年设计完成的10层办公大楼家庭保险公司成为了芝加哥学派的开始。但这却是一个“花期”很短的学派，仅盛行于1883年~1893年间，所以我们经常用“昙花一现”来形容这一建筑流派。

芝加哥学派主要建筑设计就是15楼高的高楼商业建筑，多是钢框架结构，这也许是从那场大火中得出的结论。更甚者建筑材料直接暴露在外，抬头可见。这一建筑学派的作品大多都志在突出“功能”在建筑中的重要性，沙利文更是提出了“形式服从于功能”的观点，并成为主流。只需用“高层”、“铁框架”、“横向大窗”、“简单立面”4个简单的词就足以形容“芝加哥学派”的建筑特点。这一时段的建筑师，把大量的时间都用在努力研究建筑工程中的新技术、新材料的尝试上，他们试图将这些新的东西融入建筑艺术中，很自然，这一做法遭到了纯石材主义者们的激烈排斥，导致真正的高楼建筑大器晚成。

芝加哥窗：

将一整面大窗，切割成三份，中间的大玻璃是固定的，而左右两边则是以向上推的方式将窗户打开，一方面满足大量采光的需求，一方面使用较小的窗洞，让风不至于灌入屋内。

格拉斯哥艺术学院
——苏格兰风的格拉斯哥学派

世界上仅有的校园建筑与其学科相配的艺术学院。

——伦敦皇家艺术学院院长

格拉斯哥艺术学院(The Glasgow School of Art)位于苏格兰最大的城市格拉斯哥的中心,它始建于1845年,是由政府成立的设计学院,也是目前英国仅有的几所独立的艺术学院之一。格拉斯哥艺术学院早在19世纪就已经开设了美术和建筑学研究与实践方面的课程,并被苏格兰政府基金委员会指定为“小型专业学院”,一直以来在这方面都有着傲人的成就。学院与全球各地70多家教育机构签订了交流协议,不仅享有国际盛誉,就连学生也有10%是来自海外的。

都说一座好的建筑能成就一个城市的大名,一位名人就能让一所学校美名远扬,对格拉斯哥艺术学院来说,这个人无疑就是麦金塔希。校园中最有名的建筑就是被称作Mackintosh Building的教学大楼。这座教学大楼建造于1896年,是学校的主楼,大楼的设计师是从格拉斯哥艺术学院毕业的麦金塔希,在设计比赛中他的设计方案脱颖而出,受到了当时的学院校长纽伯瑞的青睐,才使得这个年纪不到28岁的设计师有了展现的机会。

格拉斯哥教学大楼建在一块坡地之上,立面呈现出刚硬的直线性,除了正立面的阳台门和角塔采用了不同的几何图案组合,其他的都表现出异常的简单明快,是纯正的苏格兰风味的角塔式建筑。底层的办公室和第二层的工作间分别采用了横向和纵向的大玻璃窗户,窗明几净一词无疑就是用来形容这样的学习与办公环境的。教学大楼外的护栏也都是直线性的,除了有几处掏出的弧线洞口外,整幢建筑找不出弧度。

同时,因受到不列颠早期的凯尔特人和维京人的影响,麦金塔希在外窗铁栏顶端设计上,用铁条缠成像花一样的铁球作为装饰。整个建筑物从外部到内部整体性和层次感都很强,大楼二楼的窗户外部设置有防护措施的铁栏,可以说是一种特别的装饰,但同时更具实用性,因为铁栏与窗外墙立面有一定的距离,所以在

外墙维修时或是整修窗户时可以在横向的铁栏上铺设外脚手板。这种极富智慧的建筑设计巧妙地考虑到了环境的控制,有如坡屋顶、开口较小的窗户等等,它们直到今天仍然发挥着作用。

Mackintosh Building是格拉斯哥学派的代表作。格拉斯哥学派建筑是由麦金塔希和他的3个伙伴共同创立的建筑风格流派,属于新艺术风格的一支。他们主张顺应形势的设计,不再反对机器和工业,设计中多用纵横交错的直线素材,抛开长期以来利用曲线表现柔性艺术美的思想。

作品凸显出“反纤细”的特点,在视觉上给人朴拙、阳刚的冲击力。从形态学上讲,这种运用直线、粗犷的铁艺、方正的或大的几何图的表现形式,就是“男性或者阳性原理”的展现。不仅如此,在室内设计中他们采用大量的白色,强调家具设计中的黑与白。

格拉斯哥学派的直线风格,不仅带动了本土的新艺术运动,还影响了德国、奥地利等国家的新艺术风格。

另外一个由麦金塔希设计建造的格拉斯哥学派代表建筑,是风山住宅。

麦金塔希(Charles R. Mackintosh,1868~1928)

出生于英国格拉斯哥,是杰出的建筑师、家具设计师、画家。他16岁时不顾父母的反对离家开始学习、接触建筑,1884年到格拉斯哥艺术院读夜校,接受了典型的英国维多利亚式建筑体系教育,擅长古典雕塑和建筑的素描。实习期间获得亚历山大·汤姆逊旅游奖学金,旅游给他带来了灵感,让他更了解了欧洲的艺术风格。婚后他与妻子和妻妹夫妇在格拉斯哥从事家具、生活用品和室内装饰设计,被人们称为“格拉斯哥四人组”。因为他们设计的作品中加入了日本的某些神秘色彩,故获得“鬼派”之称。麦金塔希一生不善于交际,1913年放弃建筑,旅居欧洲各地,并致力于绘画。最后在伦敦因癌症去逝。

分离派会馆——与传统离经叛道的维也纳分离派

如果我们可以在一段时间内彻底地抑制使用装饰，将注意力敏锐地集中于建筑优美而清秀的造型，那将是我们审美趣味的一次重大飞跃。

——**《建筑装饰》(*Ornament in Architecture*,1892)**

分离派展览馆(Secession Building)，由奥托·瓦格纳的弟子约瑟夫·奥布里希(Joseph Olbrich)于1897年设计，直至1898年完工，这是当地市政局为了给艺术家提供一个艺术展览的空间而出资建造的。

分离会馆在设计上大量运用了对比的手法，材料的对比、建筑细部结构的对比等等。特别是它“镶金的大白菜头”尤被世人所认识，当然这不过是保守势力的人对它的戏称。所谓的“大白菜头”其实就是会馆顶部一个半球形的穹顶，它由约3 000片的金色月桂叶组成，象征着蓬勃生机。从远处看，分离派展览馆就像是一个顶着金色皇冠的白色四方盒子。

整个会馆从平面看是个白色的矩形，外墙上有类似中国阴刻的雕花壁饰，立面雕有三个不同面的猫头鹰，这是一种代表智慧的动物；此外，还有三个表情迥异的女妖美杜莎的头像，她的毒蛇头发从两鬓伸出，不同形态地缠绕在一起，甚至首

尾相连,以其强悍的外表给人威严的守护者的感觉。最引人注意是入口处用德文刻下的碑名“Der Zeit ihre Kunst, Der Kunst ihre Freiheit.(时代的艺术,自由的艺术)”,这是维也纳分离派的口号。

现在来到分离派展览馆的,多是为了去感受一下古斯塔夫·克林姆的“贝多芬壁画”,那是1902年克林姆为贝多芬展绘制的,壁画绝妙地诠释了贝多芬的“第九交响曲”,表达了人类对幸福与好运的追求。关于这幅壁画,也是经历了一场波折。分离派会馆在遭到两次世界大战的破坏后,这幅壁画变成了私人的珍藏品,后被政府高价买回,现在放在会馆的地下室里。这幅壁画分别画在三面墙上,全长34.14米,彷佛是在展示音乐与美术两种艺术的相通融合。

维也纳分离派是19世纪90年代末,在新艺术运动的影响下于奥地利形成的一种建筑流派,后来被广泛地传播到荷兰、芬兰等地。取名为分离派(Secession),说明了以瓦格纳为代表的一批建筑师誓与传统分离的决心。他们拒绝过去的一切,拒绝传统和古典,试图在现实生活中发现新的建筑元素。

瓦格纳更认为“一切不实用的都不是美的”。他们不爱“抄袭”或是“模仿”,反对重复,适用性强占据他们设计思考的主导地位,在建筑物的立面多采用可清洗的釉面陶瓷面砖和石材饰面板。

瓦格纳在1895年出版的专著《论现代建筑》中提出:新建筑要来自生活,表现当代生活。他认为没有用的东西不可能美，主张坦率地运用工业提供的建筑材料，推崇整洁的墙面、水平线条和平屋顶，认为从时代的功能与结构形象中产生的净化风格具有强大的表现力。

同时，他们反对过多的装饰，有些极端分子更是认为装饰就是罪恶。

维也纳分离派建筑代表：

公元1898年　奥地利维也纳，奥图·瓦格纳设计的玛约利卡住宅（Majolikahaus）

公元1905年　奥地利维也纳，奥图·瓦格纳设计的邮政储蓄银行（Post Office SavingBank）以及奥地利维也纳米歇尔广场等

法西斯大厦
——意大利的理性主义

意大利理性主义不能在其他欧洲运动的繁荣中显示出活力,这是必然的,因为它本质上缺乏信念。因此,最初的理性主义作为一种欧洲运动,受实践情况的客观现实的推动,发展成为“罗马式”和“地中海式”,最终形成全体建筑的最后宣言…… 可以说,意大利理性主义的历史是一个充满情感危机的故事。

——厄多纳多·佩西科

1936年的意大利,正是法西斯主义如日中天的时候,墨索里尼肆无忌惮地向外侵略和扩张,推行他血腥恐怖的主张。不过,在人人惶惶不可终日的日子里,却有一种人受到了他额外的优待,他们就是建筑师。

作为一个铁匠的孩子,墨索里尼从小就对建筑工地有着异样的兴趣。而他的母亲经常会带他去教堂做礼拜,教堂昏暗的环境给他留下了很深的印象,让他对高大明亮的建筑产生了特别的喜爱,于是,在成为了意大利当权者之后,这位独裁者开始按照自己的意愿改造这古老国家的建筑。他指挥建筑师们在意大利建造起了各种设施,火车站、大学、工厂、广场,打着重现罗马帝国辉煌的旗号,他甚至毫不留情地让人毁掉了不少古罗马的遗迹。

而就在这一段扭曲的时代,有一座在建筑史上有着特别意义的建筑出现了,它就是朱赛普·特拉尼所建造的法西斯大厦(Casa del Fascio)。特拉尼1904年出生于意大利的梅达,他先后毕业于考莫技术学院和米兰综合技术学校,1927年,他和兄弟开设了自己的事务所,正式开始了自己的建筑设计生涯。

身为一个经历了两次世界大战的意大利公民,特拉尼身处于一个思想动荡不安的年代。作为一个拥有着无与伦比建筑文化遗产的国度,意大利却同时面对着时下建筑文化的缺失和落后。对意大利人来说,他们对于重现曾经的伟大的渴望无比强烈,这让他们期望着出现宏伟庄严的建筑。同时,第一次世界大战的残留影响让他们意识到,必须有新的文化规范去替代先有的规则。于是,他们转向了过去,希冀在过去找到令人满意的价值和文化,因此,对“古典主义”的探讨成为了风潮。就是在这样的背景中,特拉尼和他的伙伴创建了他们的“七人小组”。他们试图将意大利古典建筑的民族传统价值与机器时代的结构逻辑性,进行新的理性的综合,而这也就是意大利理性主义运动。

1932 年,特拉尼设计了他理性主义风格的代表作——法西斯大厦。这座建筑边长 33.20 米,高 16.60 米,整体呈现出完美的棱柱形,立面运用黄金分割,强调了几何关系,入口缩进和顶部分离,使得建筑获得一种透明的效果,整座建筑在看似呆板的结构中,却包含着对古典主义的挑战,强调秩序和确定。整座建筑运用了柯布西耶的不少建筑理念,但没有他的“底层架空结构”和自由立面等元素。

这座建筑在很长时间里都是争议的焦点。因为特拉尼法西斯建筑师的身份,以及这座建筑的理念中对于法西斯独裁统治的屈服,在很长一段时间内人们都不愿意承认它在建筑史上的地位。幸好,随着理性的回归,人们开始重新关注起这座理性主义建筑的代表作品,关注起了这位年轻的建筑师所实践的先进理念。

理性主义最早来源于哲学,它强调直观感知的真理,而不依靠任何经验。而建筑的理性主义则认为,只要以理性的方式遵循某些普遍原理,就能创造出完全合乎规矩的“真实”的建筑物。

意大利的理性主义最早兴起于 1926 年,由以特拉尼为首的“七人小组”提出。他们提倡新的建筑应该更真实,要赋予建筑精神性、秩序和理性等,这是新一代建筑师的责任。这种理性主义继承了柯布西耶功能主义的一些观点,但他们在几何要素的基础上更趋于自由化,结构形式既清晰又隐约,表现了较明显的理性。

当时的理性主义建筑师在 1928 年举办了首届意大利理性主义建筑展览,但随着法西斯主义的兴起,在 1931 年举办的第二届意大利理性主义建筑展览上,不少法西斯派的建筑作品也被展出,使得理性主义的风潮折戟沉沙,从此意大利理性运动也告一段落。

虽然理性主义对意大利的建筑影响不是很深,但它毕竟开创了意大利建筑创造性、批判性,以及对市民的公开性的道路,它的意义永远无法抹煞。

理性主义代表作:

公元1927~1928年　朱赛普·特拉尼——新公寓(Novocomum Apartments)

公元1936~1937年　朱赛普·特拉尼——圣伊利亚幼儿园(St. Elia Nursery School)

公元1938年　朱赛普·特拉尼——但丁纪念堂(Danteum)

公元1939~1940年　朱赛普·特拉尼——里亚尼·弗里盖里奥公寓(Giuliani-Frigerio Apartments)

红色俄罗斯
——构成主义

让我们共同努力,用我们的双手建造起一幢将建筑、雕刻和绘画结合成三位一体的、新的未来殿堂,并用千百万艺术工作者的双臂将其矗立在云霄,成为一种新信念的鲜明标志。

——《包豪斯宣言》

第三国际纪念塔,又一件政治运动的牺牲品。

1917 年 11 月 7 日(俄历十月),俄国社会的冲突终于全面爆发,俄国的社会主义国家发展道路也由此开始。因此,十月革命也被称为“布尔什维克革命”或“十月社会主义革命”。

“十月革命是俄国人民用以克服他们自己低劣的经济和文化的英勇手段。”列宁领导的这场革命战争,遭到了不少列强国家的干涉,却吸引了一大批知识分子的支持,其中不乏建筑家、设计师、艺术工作者。他们以自己独特的方式来支持革命。而第三国际塔则是这其中俄罗斯人一个难以释怀的梦。

第三国际塔并没有建成。十月革命时期人们上街游行,捧着的是它的模型。虽然至今我们也没能看到这座雕塑,但它的建筑模型却一直被保存,收藏于圣彼得堡俄罗斯国立博物馆内。它是塔特林在 1919 年受十月苏维埃文化部所托设计的。当时,塔特林是莫斯科苏维埃政府主管艺术工作的委员,其所有的创作都受俄罗斯古老艺术的影响,后又因为受到毕加索立体艺术的影响开始接触所谓的反雕塑艺术。第三国际纪念塔就是一座以想象为基础的现代建筑雕塑,它将实用主义和艺术形式融为一体,因此它不仅具有革命意义,更是当时建筑的杰出作品。

从由木材、铁、玻璃制成的模型来看,纪念塔是一个上升的螺旋体,由一个立方体、一个圆锥体和一个圆柱体构成。这样的形体让我们很容易联想到政治学上学到的呈波浪式前进、螺旋式上升的社会主义发展历程。三个柏拉图体被钢缆悬

吊着上升,速度近似共产党的各个机构在这里召开会议的频繁程度……有关纪念塔的经典描述是这样的:其中心体是由一个玻璃制成的核心、一个立方体、一个圆柱来合成的。这一晶亮的玻璃体好像比萨塔那样,倾悬于一个不对等的轴座上面,四周环绕钢条做成的螺旋梯子。玻璃圆柱每年环绕轴座周转一次,里面的空间,划分出教堂和会议室。玻璃核心则一个月周转一次,内部是各种活动的场所。最高的玻璃方体一天周转一次,即是说,在这件巨大的雕塑上,或者说建筑物上,它的内部结构会有一年转一周、一月转一周和一天转一周的特殊空间构成。这些空间构成作为消息的中心,可以不断地用电报、电话、无线电、扩音器等无线电通讯方法向外界发布新闻、公告和宣言。

据说,如果这座纪念塔能够建成的话,会是70年代最高的世界建筑,高出纽约的帝国大厦一倍之多。

构成主义运动也是十月革命带动下产生的艺术运动,在俄国一直持续到1922年。第三国际塔,是这一时期的代表作。

“构成主义”这个名字起源于史汀宝(Stenberg. V)等艺术家在莫斯科诗人咖啡厅联展时,展出目录所用的字眼“Constructivists”,这个字眼的意思是“所有的艺术家都该到工厂里去,在工厂里才可能造就真实的生命个体”。构成主义就是指由一块块金属、玻璃、木块、纸板或塑料组构合成的雕塑。

在设计中,构成主义者以结构为建筑的主轴进行设计。他们利用新材料和新技术来探讨理性主义,强调建筑的空间和理性的结构表现形式,拒绝传统雕塑的繁重形体。

在设计基本原理上,构成主义者主张:

1. 空间只能在其深度上由外向内地塑造,而不使体积由外向内塑造。

2. 造形的结构应该是立体的。

3. 装饰色彩不能作为三维结构的绘画性因素,而要用具有形体的材料取而代之。

4. 每根线条要表现被塑造物体内在力量的方向。

5. 时间要作为一个新因素产生运动节律。

构成主义的代表人物:塔特林(Tatlin. V)、马利维(Malevich. K)、罗德契科(Rodchenko. A)、李奇扎斯机(Lissitzky. E)、嘉宝(Gabo. N)、帕夫斯那(Pevsner. A)、康丁斯基(Kandinsky. W)。

弗拉基米尔·叶甫格拉波维奇·塔特林(1885.12~1956.5)于1910年毕业于莫斯科美术学院,毕业后去过巴黎和柏林,设计风格受毕加索的影响。

施罗德住宅
——动感风格派

透过这种手段,自然的丰富多彩就可以压缩为有一定关系的造型表现。艺术成为一种如同数学一样精确的表达宇宙基本特征的直觉手段。

——《现代绘画简史》

提及荷兰,我们首先想到的是什么?自由转动的风车、色彩感强烈的木鞋、乡野里成片的郁金香……这一切构成了一幅宁静平和的生活抽象画,也赋予了荷兰建筑特殊的风格。

位于荷兰乌得勒支市郊的施罗德住宅,无处不在地散发着荷兰建筑那简洁明快的气息。这是一所私人住宅,建于 1924 年,由家具设计师里特维尔德与不仅是住宅主人也是室内设计师的施罗德夫人共同设计的。

与其说是建筑,这座住宅实则更像是一幅三维立体的蒙德里安抽象画。施罗德住宅一面依附在红色的砖墙上,外面可见的只有三面。建筑平面呈传统的长方形,简单的线条和平面是整个住宅的主角。设计者透过把长方体、正方体的不同面、不同防线的长短边咬合在一起,形成简单的几何体组合,建筑物没有传统的对称,却横竖错落有序。此外,或许在里特维尔德心里,色彩只可能有两种组合,一则红、黄、蓝;再者黑、白、灰。所以,建筑的表面涂抹了以白、灰为主导地位的颜色。

施罗德住宅另一个重要的特点就是"活动隔断墙",这主要是因为施罗德夫人提出了不用墙做空间分割的想法而产生的。在设计中,楼梯没有按常理置于室内的一角而是被安排在了室内的中央,围绕楼梯的房屋可以由使用者根据不同的功能需求,利用灵活的隔断墙分隔出来。空间便也因此活了起来。但另一方面,住宅内所有的家具确实被固定了,除了座椅之外,里特维尔德独特的家具设计也在此处得到了充分的体现。

这座住宅被建筑学界公认为“现代主义建筑风格派的立体化体现”。1917 年由里特维尔德设计的红蓝椅是不是也被放到了这里，那就不得而知了。

风格派建筑的凸显不是偶然，它产生于第一次世界大战期间，荷兰作为中立国与卷入战争的其他国家相互隔离，在政治和文化上形成了自己的独特性，这就是被称作风格派（De Stijl，荷兰文，“风格”之意）的艺术运动。

风格派的正式成立是 1917 年，凡·杜斯堡和蒙德里安作为风格派运动的主要领导者，主张用单纯的几何图形来表现简化且抽象的建筑形态，同时拒绝使用任何具象的元素，设计作品多采用红、黄、蓝三原色或黑、白、灰三非色。这些元素被吸收进后来的国际式建筑中，作为标准符号存在。

风格派的艺术目的即“不是透过消除可辨别的主题，去创造抽象结构”，而是“表现它在人类和宇宙里所感觉到的高度神秘”。

喜欢用新造型主义称风格派艺术的蒙德里安，与他的伙伴们创办了杂志《风格》来宣传自己所忠于的设计理念。自 1917 年 6 月 16 日创刊以来，杂志为风格派的思想传播和作品收集做出了很大的贡献，甚至风格派这个名称也源于此。但好景总不常，至 1924 年杜斯堡放弃新造型主义的严格造型原则开始，两个信仰相同的人越走越远，终于分道扬镳。蒙德里安始终一如既往地开拓风格派艺术，直至去世，而杜斯堡则开始研究基本要素主义，《风格》也于 1932 年出了最后一期纪念刊后绝版。但不得不承认的是，《风格》的宣传起了很大的作用，从 20 世纪 20 年代起，风格派开始走出荷兰国界，成为欧洲前卫艺术先锋。

风格派作品的特征：

1. 把传统的建筑、家具和产品设计、绘画、雕塑的特征完全剥除，变成最基本的集合结构单体，或者称为元素。

2. 把这些几何结构单体进行结构组合，形成简单的结构组合，但在新的结构组合当中，单体依然保持相对独立性和鲜明的可视性。

3. 对于非对称行深入研究与运用。

4. 非常特别地反复应用横纵几何结构和基本原色与中性色。

格里特·里特维尔德(Gerrit Rietveld,1888～1964)

出生于荷兰。他年轻时，专门制作柜子，之后改行为建筑设计师。1917年设计了木质的“红蓝椅”，1934年设计了“曲折椅”，对北欧的家具设计产生很大的影响。

爱因斯坦天文台
——简单的几何图形表现主义

当作品在我们心中萌醒的时候就有了联想——我们的意识反映出了这一点,我们将其看得越重要,它为我们唤起的惊奇就越多。

——杰弗里·斯科特

众所周知,爱因斯坦是20世纪最伟大的科学家,被誉为人类历史上最具创造才华的人,他的工作对天文学和天体物理学有着长远而巨大的影响。为了纪念他所创立的相对论的诞生,使研究得到更进一步的发展,1917年,德国政府决定在柏林郊区波茨坦市的波茨坦大学校园里,建立一座以他名字命名的天文台。此后,这座天文台也就成为了波茨坦市地标性的建筑。

1915年,埃瑞许·门德尔松因为妻子的原因结识了天文物理学家埃尔温·弗罗因德里希,这也促成了由他来建造和设计爱因斯坦天文台的结果。天文台的设计是从1917年开始的,此时正值第一次世界大战的尾声,一切的物质都处于短缺状态,这也迫使门德尔松不得不去选择简单且容易找到的建筑材料——水泥、红砖等,这类延展性的材料被大量地用于天文台的建造中。让我们感叹的是门德尔松对红砖砌接尺度的精确处理,竟可以营造出如此浑然一色的天文台塔楼。当然天文台完工之后,还是用水泥将整个建筑的外立面粉饰了一遍,恰巧给了人以混凝土建造的假象,使天文台更具神秘色彩。天文台的圆屋顶是唯一用水泥建造的部分,是用来对天文现象进行观测的地方,塔楼里的其他房间都是天体物理实验室。

因他对曲线的强烈偏好,天文台呈现出与众不同的流线形。整个建筑物以白色的外墙表达了对爱因斯坦智慧的敬仰之情,又用圆滑的曲面和半圆的屋顶打破了以往建筑的生硬，再配上类似船舱的黑洞般的窗户，无处不在向世人彰显着宇宙的无穷。同时，门德尔松还将机械学的元素运用到了柱、阳台等细部建造中，让整个天文台透露出神秘而灵动的气息。

据说天文台建成之后，爱因斯坦在参观天文台的时候，还发生了一个很戏剧性的故事。给如此的伟人建造实验室本身就是一种压力，更甚者，爱因斯坦在观看了建筑的外观和内部建造之后只字未提，却在一个小时之后的一个会议上突然站起来走到门德尔松的身边，用了一个"organic"来形容他对天文台的感觉，这才让门德尔颂放下心来。

表现主义艺术是20世纪初开始盛行的一种艺术流派，是从印象派艺术中衍生出来的。"表现主义"一词的出现源于茹利安·奥古斯特·埃尔维在法国巴黎举办的马蒂斯画展上展出的一组油画的总题名。这类作品本身就是艺术家主观性的创作，没有统一的认知，因为政治立场和观点的不同存在着较大的差异，尤其是在绘画、音乐和戏剧等方面，其艺术形态的夸张度、怪诞度、无厘头都不足以为奇。

至第一次世界大战后，表现主义建筑思潮在德国、奥地利、荷兰、斯堪的纳维亚等地蔓延开来。表现派建筑师们主张革新，反对复古，所有的建筑设计都显示着其个性化的形态，特别强调个人感受。表现主义建筑奇特的外形，从某种角度来看更像是一件件雕塑品。它们表现自然，具有可塑性，趋同于那些单一纯粹的几何造型。其中最具代表性的，除了1921年埃瑞许·门德尔松在波茨坦市建造的爱因斯坦天文台外，还有1914年布鲁诺·陶特在德国科隆建造的玻璃亭。

表现主义建筑代表：

公元1919年　德国柏林的大剧院（Grosses Schauspielhaus）

公元1923年　德国汉堡的智利大厦（Chilehaus）

赋予建筑以生命
——和谐自然的有机建筑

美丽的建筑不只局限于精确，它们是真正的有机体，是心灵的产物，是利用最好的技术完成的艺术品。

——弗兰克·劳埃德·赖特

古根汉博物馆并不是单一的特指，而是一个博物馆群的名字，是全球连锁式的博物馆。它创办于1937年，目前在美国的拉斯韦加斯、西班牙毕尔巴鄂、中国台湾、德国柏林、墨西哥瓜达拉哈拉、立陶宛等地都已经有了分馆，预计中国香港和上海也会建立分馆。已建的分馆中尤以美国纽约古根汉博物馆和西班牙毕尔巴鄂古根汉博物馆最为引人瞩目。一个是大师赖特的作品，一个则是弗兰克·盖瑞的设计。

纽约古根汉博物馆是博物馆群的总部所在地，博物馆以博物馆主人所罗门·古根汉的名字命名的，全称是所罗门·R.古根汉博物馆（The Solomon R. Guggenheim Museum）。古根汉是来自瑞士的犹太家族，通过经营采矿、冶炼业，古根汉成为美国最富有的家族之一，之后家族事业开始扩展，涉足到出版业、航空业、赛马业。随着家族财富、权力的累积，绘画、建筑、考古学等方面也有了一定的成绩，而所罗门·古根汉则是家族的第二代传人。

纽约古根汉博物馆建于1947年，直至1959年落成。应所罗门·古根汉委托，赖特成为了这个特别建筑的设计师，这也是他唯一留给纽约的礼物。古根汉博物馆位于纽约市第五大街拐角处，无论是外形还是颜色都与周围的建筑物格格不入，难怪它会被一些批评家斥责，认为它破坏了和谐的建筑景观，但无论如何，这座建筑的特别视觉冲击力都是无法被忽视的。

单从博物馆外形来说，它是一个渐进向上扩大的螺旋体，有人说它是海螺，也有人说它是茶杯、白色的弹簧，或是蜗牛。在螺旋体的中部存在一个开放的空间，阳光透过玻璃屋顶直接照射到圆层。从中间仰望，其宛如一条白色发带，两端被绑在了底层和顶层的柱子上。

博物馆属于混凝土结构，由陈列馆、办公大楼、地下报告厅三部分组成。主体是陈列厅，共6层。矮的部分是办公大楼，有4层。后又于1969年和1990年古根汉博物馆两次增加了矩形的辅助性建筑。

古根汉博物馆由基金会管理，馆内收藏的基本上都是印象派以后各名家的作品，尤其是抽象艺术品的收藏，70年代初，博物馆收藏品就已经达到3 000多件，其中包括毕加索、塞尚、米罗等名家的作品。博物馆打破了传统的布局，馆内所有的陈列品都沿着3%的坡道边的墙壁有序的布置，以便人们可以在轻松自在的心情中沿着坡道缓缓观赏完整个展览。

唯一惋惜的是，无论是博物馆的主人还是设计者，都没有看到博物馆对外开放时的场景。

“有机”的概念来自于生物学，界定为“自然界中有生命的生物体的总称，包括人和一切动植物……”，而在建筑中，但凡谈及“有机”，第一时刻想到的就是赖特，他正是有机建筑的代表人物。

有机建筑是用来描述那些不由单纯几何形状构成的建筑，这个流派认为每一种生物的内在因素决定了它以什么样的外部形态生存于世。同样，建筑也一样，由其内而外的表现功能,呈现自己独特的生命力。

赖特主张:在设计建筑时,应该考虑建筑特有的客观条件,在建筑师的心中形成一个理念,设计过程中将理念贯彻到建筑内外的每一个角落,形成一个不可分割的整体。他注重内部,重视空间的利用,撇去了以往强调外部实体的设计观点。

有机建筑的特征有:

1. 建筑的整体性与统一性,特别突出视觉和艺术的统一,常有母题构图贯穿全局。

2. 空间的自由性、连贯性和一体性,主张“开放布局”。

3. 材料具有视觉特色和形式美。

4. 形式与功能的统一,主张从事物内在的自然本质出发,提倡自内而外的设计手法。

“古根汉模式”:

古根汉与其他博物馆一样,管理基金会面临着资金短缺、陈列品萎缩等情况。于是1988年,在托马斯·克伦斯担任馆长期间,古根汉被他当作一个品牌被推广到了世界各地,领先抢占了博物馆品牌全球市场,通过广告、新闻媒体宣传向全球寻求地域性的扩张。与麦当劳、肯德基以及其他大型超市一样,用连锁经营的管理模式对博物馆进行管理。于是,我们在世界很多地方都可以看到以当地名称命名的古根汉博物馆,这便是“古根汉模式”。

世贸大厦
——国际式建筑

我们必须保护人不受一般气候因素——风、日光、雨、雪、寒、暑以及特殊的灾害如地震、火灾、飓风等的伤害。

——雅马萨奇

作为曾经顶着世界上最高建筑之名的它，世贸大厦几乎无人不知无人不晓。而2001年9月11日的那场灾难，却让这栋双子星灰飞烟灭，成为了人们心中永远的伤痛。

世贸大厦是姊妹楼，分别建于1972年和1973年，对美国纽约人来说，这两座大楼好比海上作为航标的标志一样。大楼各高412米、110层，实际上原设计只有72层，增加的40层是在山崎实接手后为了符合世界贸易中心的地位加上去的，建筑呈方柱形，四周均是采用了玻璃幕墙，可以想象夜幕下的世贸大厦应该会有多么光鲜华丽的外衣。

为了振兴纽约和新泽西州的外贸事业，港务局决定共同建设一个综合性的世界贸易中心。美籍的日裔建筑艺术家山崎实（音译为雅马萨奇，Minoru Yamasaki，1912～1986）当时还是一个没有任何背景的艺术家，毕业于二流大学的他，只有通过自己的努力才能在美国建筑界占有一席之地。听说了建造世界贸易中心的消息，他用了一年多的时间进行调查研究，终于做出了100多个设计方案，而且据说他后面所做的60多个设计方案都是为证明前40个设计方案的合理性服务的，于是，他顺理成章地雀屏中选。

大概是因为该建筑投资额度太大的原因，竟达到了2.8亿，所以世贸中心大厦是由5座建筑、一个广场组成的建筑群，占地总面积达到了16英亩。大厦承担着美国国际贸易的发展重任，不仅为从事世界贸易的政府机构、企业提供了办公场所，此外也有商场、运输、保险、通讯、银行等机构入住，同时还对外提供各种规格的会议室、展览馆等社交场所，每天大概有5万多人在这里工作。

可想而知，它的消失带给美国人的是什么：高的失业率、国民生产总值的下降……这些都不及在这场灾难里死去的3 000多人，以及给死难者家属带来的伤痛。

在物质文化迅速发展的时代，建筑对工业技术上的国际化需求越来越明显，于是国际风开始在美国流行，起初就是为了区别于所谓的“新传统”或“现代”建筑。这类建筑以精湛的技术代替了艺术，十分强调功能在建筑中的体现，建筑师充分满足建筑用户在功能方面的要求，而忽视了不同地域、不同文化的人在不同层面上的精神和审美需求。

国际式建筑的主要特点有：

1. 建筑多为立方体，认为建筑内部的空间和结构应该直接反映在建筑形体上，可被称作“方盒子”。

2. 形式服从于功能，建筑形式趋同，反对套用历史上的建筑样式。

3. 多采用矩形，建筑物多窗少装饰，房间的布局比较自由，设计手法简洁单纯。

4. 排斥个性化，强调机器和技术方面的应用。

马塞尔·布劳耶

国际式建筑最有影响的建筑师之一。他1902年5月21日生于匈牙利佩奇市，1920～1924年在包豪斯求学，毕业后任教至1928年。1928年他在柏林开设事务所，1937～1946年在美国哈佛大学设计研究所任教，之后开业。在美国他主要从事住宅设计，1968年获美国建筑师协会金质奖章，1977年退休。其主要的大型公共建筑有：纽约萨拉·劳伦斯学院剧场（1952），巴黎的联合国教科文组织总部大厦（1953～1958，与P. L. 奈尔维、B. 采尔福斯合作），鹿特丹比仁考夫百货商店（1955～1957）、法国戛得国际商用机器公司研究中心（IBM）大厦等。

浮于空中的玻璃屋
——极少主义

极少主义被定义为:当一件作品的内容被减少至最低限度时所散发出来的完美感觉,是当物体的所有组成部分、所有细节以及所有的连接都被减少或压缩至精华时,所拥有这种特性。这就是去掉非本质元素的结果。

——约翰·帕森

浮于空中的玻璃屋,范斯沃斯住宅,至今仍是承受着赞许和斥责的乡间别墅。

1945年,范斯沃斯医生与密斯在朋友家一次上流社会的沙龙中邂逅,继而密斯就成为了这座普兰诺度假屋的设计师。或许是范斯沃斯的艺术情结,想象着自己会有一个不流于俗世的住宅,又或许是密斯对完美主义的执著追求,这个不到200平米的房子,从设计到竣工竟持续了长达4年的时间。名为一栋住宅,但就其本质来说它只是躺在Fox河畔被隐于林间的一个大房间。

范斯沃斯住宅被架空于地面,站在室外,室内地面高过于人眼。整个结构由8根工字型钢柱作为地面和屋面板的支撑,极具稳定性。住宅的四壁均以通透的玻璃建造,不必走进建筑,室内的陈设也尽收眼底。

住宅里所有的房间均由家具隔开,只有位于室内左侧的洗手间和储藏室采用了木构,显得相对私密。整个建筑透明而干净,充分地展示了密斯"少就是多"的

建筑理念,被世人称道。但对范斯沃斯来说,这却是一个噩梦的开始。这意味着她必须忍受夏的骄阳、秋的萧瑟、冬的凄冷、晴日的阳光、雨季的阴郁,生病是很自然的事情。当然我们也可以想象一个单身女子,在一栋毫无保留的房子里完成自己的起居饮食,这会是什么样的感觉?这也难怪她会说,在这幢建筑中自己就像是一个被展览的动物,任人窥视。

于是范斯沃斯以结构不合理造成浪费、缺乏私密性、严重超出预算85%、违反消防规范、给其带来严重的经济负荷等为由,将密斯告上了法庭。站在法庭上的密斯诚恳地说出了这样一段辩白:"……当我们徘徊于古老传统时,我们将永远不能超出那古老的框子,特别是在我们物质高度发展和城市繁荣的今天,就会对房子有较高的要求,尤其是空间的结构和用材的选择。第一个要求就是把建筑物的功能作为建筑物设计的出发点,空间内部的开放和灵活,这对现代人工作学习和生活就会变得非常重要……这座房子有如此多的缺点,我只能说声对不起了,愿承担一切损失。"所有的人都为之动容,起诉案也不了了之。

住宅风波并没有给范斯沃斯和密斯带来任何影响,范斯沃斯仍旧在这里居住了20年,直至最后迫不得已要把它卖掉时,她还这样写道:"那玻璃盒子轻得像漂浮在空中或水中,被缚在柱子上,围成那神秘的空间——今天我所感到的陌生感有它的来由,在那葱郁的河边,再也见不到苍鹭,它们飞走了,到上游去寻找它们失去的天堂了。"而密斯也为此造就了他建筑生涯的另一个里程碑——38楼的美国纽约的西格拉姆大厦。

如果我们非要追究责任的话,那么问题应该出在这种透明的玻璃上吧!

现在回归到这个问题,极少主义到底是什么?

极少主义艺术又被称之为ABC艺术、硬边艺术,它产生于20世纪50~60年代的美国,是一种非写实的艺术,同属于抽象表现主义。这类的艺术作品大多按照杜尚的"减少、减少、再减少"的原则对雕塑和绘画品进行处理,表现出简洁、单纯的创作风格。

这种艺术手法被沿用到建筑创作中,并对其造成了极具深远的影响，形成了极少主义建筑理论。建筑师们开始减少和摒弃以往建筑中琐碎的元素，转而去寻找朴实无华的美，以获取建筑中最本质的重生。但在这些简洁明快的空间中往往隐藏着复杂精巧的结构。

极少主义风格建筑特征为：

1. 用简约的建筑手法，摒弃丰富的具体内容，来保持空间的纯净和简洁。

2. 简单的建筑形体，减少建筑表面过多的变化；通过对使用材料的精心挑选来获得材料的不存在效果。

3. 通过对光和影的充分利用，创造出了一种诗意化、宁静的空间氛围。

4. 被束缚在特定的地域文化中。

极少主义建筑：

公元 1990 年　西班牙建筑师拉斐尔·莫尼奥——库塞尔礼堂（Kursaal Auditorium）

公元 1992～1998 年　法国建筑师多米尼克·佩罗——柏林奥林匹克赛车馆——游泳馆

公元 1995～1997 年　瑞士建筑师雅克·赫佐格和皮埃尔·德穆隆——德国慕尼黑的戈

兹美术馆、伦敦的（新）泰特当代美术馆（Tate Modern）

公元 1996 年　日本建筑师妹岛和世——日本冈山市 S 住宅

公元 1997 年　瑞士建筑师彼特·卒姆托——奥地利布雷根茨美术馆（Art Museum Bregenz）

朗香教堂
——粗犷的野性主义建筑

假如不把野性主义试图客观地对待现实这回事考虑进去——社会文化的种种目的,其确切性、技术等等——任何关于野性主义的讨论都是不中要害的。野性主义者想要面对一个大量生产的社会,并想从目前存在着的混乱的强大力量中,牵引出一阵粗鲁的诗意来。

——史密森

朗香教堂,又被称作洪尚教堂,绝对是人类最另类的建筑表情。它匿藏在法国东部索恩地区距瑞士边界几英里的浮日山区,坐落于朗香村的一座小山顶上,很难想象这竟是建筑大师柯布西耶的作品。

1950年,原来的法国朗香小教堂在一场战火中被毁,可是朗香的当地人始终保持着朝山进香的习惯,于是当地教会决定在这个地方再建造一座教堂,以方便当地人做礼拜。他们邀请了柯布西耶来设计,却一度遭到了他的拒绝。在经过教会方面与柯布西耶的多次交涉后,终于以柯布西耶的妥协告终,但条件是教会方面不得干涉教堂的设计和建造,给柯布西耶足够的设计空间。

不知道是不是设计师就该是不羁的代名词,高第、密斯、柯布西耶一个都不例外,建成后的朗香教堂完全找不到合适的几何体形容。有位先生曾用简图显示朗香教堂可能引起的5种联想,或者称作5种隐喻,它们是合拢的双手、浮水的鸭子、一艘航空母舰、一种修女的帽子,最后是攀肩并立的两个修士。V.斯卡里教授则说朗香教堂能

让人联想起一个大钟、一架起飞中的飞机、意大利撒丁岛上某个圣所、一个飞机机翼覆盖的洞穴,它插在地里,指向天空,实体在崩裂,在飞升……但从柯布西耶设计的朗香教堂的平面草图上看来,教堂的屋顶更像是一只海蟹,传闻灵感来自于他在纽约长岛沙滩拾得的一个海蟹壳,就连他自己也曾经说过:“厚墙,一只蟹壳,设计圆满了。”一座可以让人滋生如此多的想象的建筑,这就是建筑师的魅力。

从1955年至今,朗香教堂已经在那里屹立了53年。虽然教堂规模不大,仅能容纳200余人,但却是朗香离上帝最近的地方,信徒们在教堂里与上帝交流,凝听上帝的教导。柯布西耶第一次上布勒芒山现场时就萌生了要把教堂建成一个“视觉领域的听觉器件”的想法,现在看来他是做到了。

另外一个奇妙的设想,应该是在教堂南面的“光墙”上凿开的一个个不规则的洞口。洞口采用了内大外小的设计,光线透过屋顶和外墙的间隙渗透到室内,与部分装在外墙上的教堂建筑常用的彩色玻璃的光交合,在教堂内生成一种神秘的气氛,当中略带些许信仰的气息,是光与影美妙的结合。据说柯布西耶在1931年游历北非时,看到了当地民居的造型奇特,于是把它记录了下来,这才有了朗香这么特别的窗户设计。看来创作的灵感也是可以通过积累迸发的。

朗香教堂不仅是柯布西耶在建筑创作上的一个突破,更是开辟了建筑设计理论领域的一个新纪元,以朗香教堂为代表的粗犷建筑风格在20世纪50年代开始流行。

“粗野主义”或者说“野性主义”这个名称是由英国的第三代建筑师史密森夫妇在1954年提出的,面对英国战后公共建筑的紧缺,建筑师开始以材料和结构的真实表现,作为建筑美的原则大量生产建筑。因此“野性主义”不单是一个形式问题,而是和当时社会的现实要求与条件相关的设计手法。而柯布西耶在1946年设计的马赛公寓则是野性主义的成熟标志。

野性主义建筑的主要特征有:

1. 建筑的轮廓分明,凹凸有致,混凝土的可塑性在建筑造型方面得到体现。

2. 建材方面野性主义力求保持自然,混凝土沉重、毛糙的质感被当成是建筑美的标准。

3. 突出建筑自身的表现,建筑仍讲究形式美,认为美是通过对建筑细部结构的比例调整获得的。

“野性主义”建筑代表:

公元1951~1956年　柯布西耶——印度昌迪加尔行政中心

公元1958年　斯特林和高恩——兰根姆住宅

公元1959~1963年　鲁道夫——美国耶鲁大学建筑与艺术大楼

此外还有丹下健三设计的仓敷市厅舍、广岛纪念馆;贝聿铭设计的美国国立大气研究中心,以及波士顿政府服务中心、中国台北医学院实验大楼等。

悉尼歌剧院
——未被承认的象征主义

歌剧院始终在我的头脑中,彷佛旋律久久回旋,我能够在任何时候听到它,这就是我的价值所在。

——约恩·乌特松

悉尼歌剧院,又名"海中歌剧院"。它坐落在澳大利亚著名的港口城市悉尼三面环海的贝尼朗岬角上,贝壳和白色的风帆是找得到的最常见的形容。整个建筑长 183 米,宽 118 米,高 6 7 米,总建筑面积约 88 258 平方米,有着世界最大最长的室外水泥阶梯。它的诞生更是一个传奇。

1956 年,澳大利亚乐团总指挥古申斯请求总理凯希尔能修建一所本土文化的歌剧院,于是凯希尔决定由政府出资,在贝尼郎建造一座现代化的悉尼歌剧院,并向海外发出了征集歌剧院设计方案的广告。

在安徒生的故乡——丹麦,37 岁的建筑设计师约恩·乌特松无意打开了一本极其普通的建筑杂志,随意地翻着,这则来自南半球的广告跳入了眼帘,于是他萌生了"试一下"的冲动。尽管他对遥远的悉尼一无所知,但凭着从悉尼马术姑娘们那里打听来的关于悉尼港湾的消息,和自己原有的渔村生活经历,他迸发出了"掰开的橘子瓣"的创作灵感,他决心要试一试。

等待总是痛苦的,要从来自 32 个国家的 200 多名设计者的作品中脱颖而出也是不易的,幸而他遇上了沙里宁,这位芬兰籍的美国建筑设计师,一个能够慧眼识千里马的伯乐。1957 年 1 月 29 日,在悉尼 N. S. W. 艺术馆大厅里,凯希尔庄严宣布:约恩·乌特松壳体方案击败所有231个竞争对手,获得第一名。据说乌特松在接到从悉尼打来的祝贺电话的时候,一家人都雀跃了,他女儿和助手同时尖叫:“悉尼,悉尼!第一名!……”于是乌特松携家带眷一同前往悉尼,准备去实现他的创世之作,大干一番。

悉尼歌剧院在1959年破土动工,岂料,随着工程的进展,高昂的工程造价呈现在了澳大利亚人民的面前。当地的州政府因为执政党的改选出现财政紧缩,不幸的是,乌特松和他设计的歌剧院成了政治斗争的靶子,政府要求乌特松修改设计方案,进而减少建设资金。乌特松却选择了坚持自己的设计,在破釜沉舟的情况下,他递上了自己的辞职信,当然这并非他的本意,就像他儿子回忆时所说:“对他来说,不能继续建造歌剧院无疑是一个巨大的打击。”他是希望休斯请他回去的,可是事实往往并非尽如人意,政府的白色小车在他递上辞呈不到一个小时的时间,就开到了悉尼歌剧院设计大楼里,休斯的回信上写着“谢谢,我们接受你的辞呈”。1966年,乌特松带着家人愤然离开了澳大利亚,而原本700万澳元的工程预算变成了1.02亿澳元,预期4年的工程一拖就是17年,终于在1973年10月20日,英国女王伊丽莎白二世现场见证了这一伟大工程的开幕。而愤懑的约恩·乌特松至今也未亲眼看见这个影响了他一生的建筑。

悉尼歌剧院以其独特的造型成了澳大利亚的地标,除此之外,还被“普里茨克建筑奖”评审评为“20世纪最具标志性的建筑之一”,并盛誉这项设计“毫无疑问是其最杰出的作品,……是享誉全球极具美感的作品。它不仅是一座城市的象征,而且是整个国家和整个大洋洲的代表”。

如今歌剧院每年给澳大利亚带来的利润和荣誉也颇为可观，已经称得上是世界上最繁忙的演出中心。据记载，歌剧院的首场演出就是根据俄国作家托尔斯泰的小说《战争与和平》改编的歌剧。不知道这些殊荣是不是足以弥补当年带来的财政伤害呢？

根据黑格尔的《美学》一书，诸如悉尼歌剧院此类的建筑可被称作象征性艺术，而古埃及、希腊等地的宗教建筑、纪念性建筑被称作“地道的象征性建筑”。象征主义作为一种流派，在20世纪60年代形成，此类建筑的设计既注重抽象的象征，也考虑具体的象征。作品的艺术造型带给人们想象的空间，也必须满足功能上的要求。

约恩·乌特松

1918年在丹麦的哥本哈根出生；1945年成立了自己的工作室；1959年成为悉尼歌剧院的总设计师。2003年，乌特松因为悉尼歌剧院被授予了建筑学界的诺贝尔奖——“普立兹克建筑奖”；2007年6月28日悉尼歌剧院被联合国教科文组织评为世界文化遗产；2007年7月悉尼歌剧院开始修整，主修工程由其子詹和查德·约翰逊负责。

文化的体验者
——文脉主义

建筑师的一个重要任务是用物质的表现形式去体现文化，并以此来提高文化，使其连续并充满希望……创造一种空间，它与历史和文化深深铭刻于人们心中的无意识、潜在心理和集体潜意识是一致的。

——长岛孝一

阿联酋迪拜，一个旅行者口中最多“最”的国家，世界最豪华的七星级酒店、世界最大的人工室内滑雪场、世界最大的游乐园、世界最长的地铁、世界最大的购物中心、世界最高的办公大楼……据说，迪拜是阿拉伯唯一没有战火硝烟的地方，或者说是中东最和平的地方，不知道这点是不是跟它的太多国际化有关。

迪拜被迪拜河一分为二，东南部分是古老的迪拉，西北部是现代的巴尔杜拜，将政界和商界分开。

用“睥睨天下”来形容它是再贴切不过了，迪拜塔（阿拉伯语：برج دبي，Burj

Dubai)，在 2007 年 9 月就已经超过了高达 553 米的加拿大多伦多电视塔，成为世界上最高的独立式建筑。报道披露，迪拜塔至 2004 年兴建以来，承建商自始至终高调而神秘，也没有将建筑的任何情况公布于世，所以我们也只能从一些所谓的内部报道去了解。

迪拜塔，完全就是一个国际的混血儿，生在阿拉伯半岛的土地上，建筑师阿德里安·史密斯是美国人，安全顾问是澳大利亚人，承建商是韩国三星，底层的装修是新加坡的公司，在工地上工作的工人大多是印度人。不过，迪拜本身也是一个国际的综合体。正如迪拜酋长所期望的那样，迪拜早已不是从前的那个小渔村，它正在转型成为一个以旅游、运输、建筑和金融服务等服务性行业为主要支撑力量的国家。

在我们所有能找到的数据里，或者说是从建筑师的三维效果图里，对于迪拜塔都是这样描述的：迪拜塔由连为一体的管状多塔组成，具有太空时代风格的外形，基座周围采用了富有伊斯兰建筑风格的几何图形，六瓣的沙漠之花。在材料上，玻璃、强化混凝土、强化钢筋被大量采用。

不过，因为迪拜塔还没有完工，未来的路还很遥远，我们也只能期待了。

无论是迪拜的气候和环境，还是建筑师史密斯的文脉主义特性，都决定了迪拜塔的命运，它融合了中东建筑中诸多的标志性元素，比如清真寺的屋顶、尖顶的拱门以及一些特殊的花卉图案等，当然这也更有利于融入周围的建筑群中。

正如史密斯所坚持的，建筑本身就是一个地域、一个国家的历史和文化的体现，创造性的继承便成为了文脉主义建筑师所追求的。

文脉主义随着后现代主义的出现而出现。文脉，指介乎于各种元素间，将属于同一背景的文化元素整合，使之产生相互咬合的内在关联。所以它并不是单一的、独特的而是多元化的、纯而不杂的。文脉建筑注重单体建筑与其建筑环境的协调，从历史、人文的角度研究建筑和城市的关系。或者可以说，文脉主义建筑就是通过建筑物的方式去体现城市传统的文化。

都说建筑是一个城市历史的沉淀。它记录了一个城市的发展，记录了一个城市的悠久。可是事实上，不少的建筑师已经远离了这个道路，他们过多地强调个人，甚至把建筑当作是一种自我实现的工具，这样势必会给文脉带来损伤。

文脉主义建筑代表：

史密斯设计的拉丁美洲银行大楼

公元 2006 年，美国明尼阿波利斯，让·努维尔设计的古瑟里剧院（Guthrie Theatre）

香港汇丰银行大厦——高技派的演绎

我认为建筑应该给人一种强调的感觉，一种戏剧性的效果，给人带来宁静。机场是一个旅行的场所，它必须有助于将航空旅行从一个烦恼的过程，变成一种轻松愉快的体验。如果你到施坦斯德机场，你肯定会享受到自然光的趣味，会看到清晰的屋顶结构形式，你就像回到了过去那种挡雨采光的老式机场。许多东西都是仿照这种形式，它重新评价了建筑的自然性，凌乱的管道、线路和照明装置以及悬挂天花板的问题，都不存在了。取而代之的是结构形式的清晰和天然光的趣味。屋顶实际上是一个照明屏，同时使室内免受外界天气的影响，同时这也体现一种精神。

——诺曼·福斯特

香港中国银行大厦和香港汇丰银行大厦一直以来都是香港人茶余饭后的闲聊话题。谈论的大多是哪个的风水更好、哪个的设计更出众之类的话题。尤其是汇丰银行门口的那对石狮子，据说就是根据风水先生选好的时辰放置的。

香港汇丰银行大厦，背靠着太平山，面处皇后像广场，是香港的城市标志之一。自银行 1865 年成立以来，这里就是汇丰银行的总部，140 多年里它都与香港经济共同成长。现在我们看到的香港汇丰银行大厦，已经是第四代建筑了。

香港汇丰银行大厦，是诺曼·福斯特在香港的第一件作品，从构思到落成历时长达 6 年。大厦在落成之时，因为耗资高达 52 亿港币，且用了约 3 万吨的铜，被称作世界上最昂贵的建筑。整栋大厦总高 180 米，共 50 层，其中地上有 46 层，另有 4 层地下车库。大厦摆脱了传统的砖混结构，采用了钢柱结构，分别在 28 层、35 层和 41 层处进行三段式悬挂。楼层间通过对高度、宽度的严格控制交错的形式叠合在一起，悬挂于 8 根巨型钢柱之上，所以可以说此建筑并不是一层层建造的。因为整个架体被暴露在外，建筑师在设计时将预制好的铝板用防滑钉固定在架构上，待安装完成后密封好边缘，进而对架体起到保护作用，这种方法不仅防止水汽进入架体，更是提高了架体的耐久性。

透过钢化后的玻璃幕墙，建筑内部结构的复杂和空间的无限性清晰可见。大

楼各层空间功能的自然转换，由大厦西侧不同的升降电梯所控制。我们可以看到的是，大厦的底层——一个全开放式的通体，直接与皇后像广场连接，很多市民在午间都会进到那里休憩；而从 2 楼到 10 楼则是银行对外办公的窗口，属于半开放式空间；大楼的顶楼则是银行高层的办公区域，自然也就是完全封闭的空间了。

无论是从结构，还是设计方式上，它都与法国蓬皮杜国家艺术与文化中心有着异曲同工之处。

高技派，就是"高科技派建筑"，又称"重技派"，是 20 世纪 80 年代新的建筑流派。高科技派建筑反对传统的审美意识，强调使用最新的设计技术和先进材料，特别注重机器美学的运用，甚至把技术也当作一种建筑装饰。设计中，习惯把梁、柱、板暴露在外部，甚至网架结构的部分构件和管道。这是不是就是现代人口中强调的质感呢？

高技派建筑在设计方法上的主要表现特征有三：

1. 建筑中采用大量的新型建材，高强钢、硬铝皮、生塑料以及多种材料在化学反应下生成的轻、少、灵活、可塑性强的建材。

2. 建筑中结构固定，但内部空间灵活、功能分配合理。

3. 技术被作为美的因素存在于建筑中，建筑师试图通过高难度的建筑技巧改变传统美学在人们心中的观念，让"重金属感"表现突出。

高科技派建筑代表作品有：由意大利建筑师阿诺和英国建筑师罗杰斯共同设计的巴黎蓬皮杜文化中心；由诺曼 · 福斯特设计的香港汇丰银行大楼；美国伊利诺伊州芝加哥的约翰汉考克中心(John Hancock Center)，别称"Big John"；美国空军高级学校教堂。

诺曼 · 福斯特(1935 年 ~)

高技派建筑大师，21 岁时找到自己终身事业。成立私人事务所前，在美国东西海岸从事城市更新和总体规划。一生获得的荣誉和奖项无数，1983 年获得皇家金质奖章；1990 年被英国女王封为爵士；1994 年获美国建筑师学会金质奖章；1999 年获终身贵族荣誉成为泰晤士河岸的领主，同年，获得 21 届普立兹克建筑大奖。

中银舱体大楼
——新陈代谢派

这一工程的中心思想并不是求大量生产的优越性,而是寻求在自由的布置单体空间的过程中表达新陈代谢的可能性,同时也是为了获得一种技术上的信心。

——黑川纪章

在东京中央区最繁华的银座,有一座样式独特到有些古怪的大楼,它就是黑川纪章最著名的建筑之一——中银舱体大楼。

黑川纪章1934年出生于名古屋,他先后就读于京都大学和东京大学学习建筑,随后他以研究生的身份进入了丹下健三的研究室工作。这个时候的黑川纪章开始致力于研究、推广“共生思想”,而就在1960年,丹下健三提出了“新陈代谢主义”的建筑理论,黑川和一群志同道合的建筑师们很快就投入其中,成为“新陈代谢派”的中坚力量。他们反对现代派把建筑简化成机器,这种观点其实类似于赖特的“有机建筑”理论,但东方的色彩更为浓厚。

1972年,在参观了前苏联的宇宙飞船之后,黑川纪章获得了灵感实践自己的理论,建造起了他最著名的“新陈代谢派”建筑,这就是中银舱体大楼。众所周知,日本的领土狭小,人口众多,因此都市里的一般人往往都住得极为拥挤,为此,日本的建筑设计师在如何利用空间的设计上煞费苦心,设计出了不少空间利用率高的房屋,而这座大楼正是一座居住者的“鸟巢箱”。

整座大楼基地面积只有400多平方米,地下1层,地上分别为11层和13层,总建筑面积为300多平方米。整个建筑是140个以高强螺栓固定在核心筒上面的灰色正六面舱体,看上去就好像宇宙飞船的船舱。舱体与舱体之间并

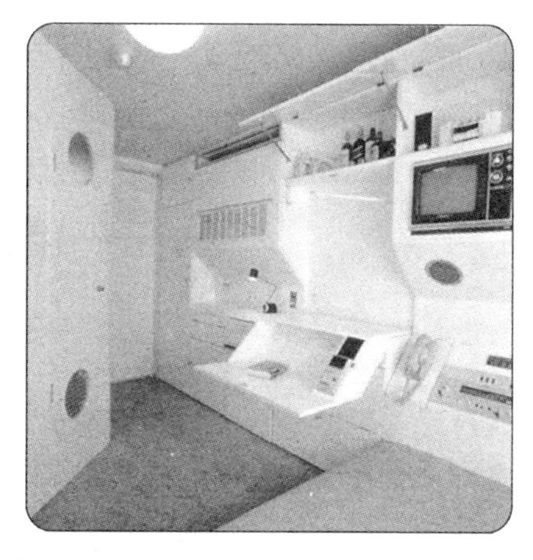

无特殊的对应关系，没有丝毫规律可循。舱体尺寸为2.3 m ×3 m ×2.1 m，这种舱体还是黑川纪章让生产运输集装箱的厂商生产的，并采用了工厂预制建筑部件在现场组建的方法。舱体内有完整的厨房卫浴设备、储藏空间及一张床，并有圆形窗户，完全可以满足人们最低限度的生活需要。核心筒部分有两个，由钢筋混凝土建造，包含了楼梯间、电梯间及各种设备管道。而且，这种安在核心筒上的舱体可以随着老化轻松更换，保持了其环保性能，也符合了“新陈代谢主义”的设计精华。

中银舱体大楼的建成立刻震惊了建筑界，并为黑川纪章赢得了世界性的声誉。可惜的是，因为业主觉得它的空间利用率不高，加上周围居民担心其石棉建材的安全性，东京政府在 2007 年决定拆除这座建筑，尽管因为黑川纪章的去世，拆卸工作暂时得到了延迟，但这座“新陈代谢派”代表性建筑的未来依然不可预计。

1960 年，建筑大师丹下健三提出了“新陈代谢主义”的建筑理论，并获得了黑川纪章、大高正人、槙文彦、菊竹清川等一群青年建筑师的回应，进而形成了新陈代谢派建筑。

新陈代谢派认为，城市和建筑不是固定的、静止的，它应该是像生物的新陈代谢一样，处于一个动态的过程，在城市的建设上应该引进时间的因素，明确各个要素的周期，在周期的因素上，装置可动的、周期短的因素。

新陈代谢派强调事物的生长、变化与衰亡，强调生命和生命形式，极力主张采用新的技术来解决问题；他们要求复苏现代建筑中确实的历史传统和地方风格；强调整体性，并强调部分、子系统和亚文化的存在与自主；将建筑和城市看作在时间和空间上都是开放的系统；并强调建筑作为一种生命形式的暂时性、历时性、模糊性和不定性。

新陈代谢派建筑代表：

公元 1966 年　日本山梨县，丹下健三设计的山梨文化会馆

公元 1970 年　黑川纪章设计，大阪世博会上展出的实验性房屋（Takara Beautilion）

住吉的长屋
——新地方主义

我所感觉到的是一个真正存在的空间。当建筑以其简洁的几何排列，被从穹顶中央一个直径为9米的洞孔所射进的光线照亮时，这个建筑的空间才真正地存在。在这种条件下的物体和光线，在大自然里是不会感觉到的，这种感觉只有通过建筑这个中介体才能获得。真正能打动我的，就是这种建筑的力量。

——安藤忠雄

长屋(Long House)是一种古老的住宅建筑形式，它是建在地桩之上的相当长的长方形平房，曾经广泛流传于中国及东南亚等地。其中最有名的应该是马来长屋，一所长屋住好几户人家，相互间都有血缘关系，每户人家都有自己的居住空间。日本的长屋有其独特的个性，从某种角度来看，它与福建泉州一带的手巾寮有着异曲同工之妙。

住吉的长屋，是一个让我们开始认识安藤忠雄的地方。它位于日本大阪住吉区的一条老街上，准确地形容，应该是从夹缝中立起的一个混凝土的长方形盒子。长屋的基地面仅有4 m×14 m宽的一块狭长地，邻里间仅一墙之隔。安藤忠雄的住吉长屋之所以能够在世界上获得很高的评价，很大程度上正是因为它是在一个受了极大约束的场地内建造完成的，而安藤领悟到了在这种极端条件下存在的一种丰富性，以及和日常生活有关的一种限制性尺度。

住吉的长屋是对称的建筑体，房屋有两层，没有设置一个对外的窗户，面向街道的墙面除了门洞几乎没有别的装饰，从外部来看就像是没有光线照射的封闭的火柴盒，而实际上长屋的所有墙上都有为了通风而设计的小地窗。长屋从平面上

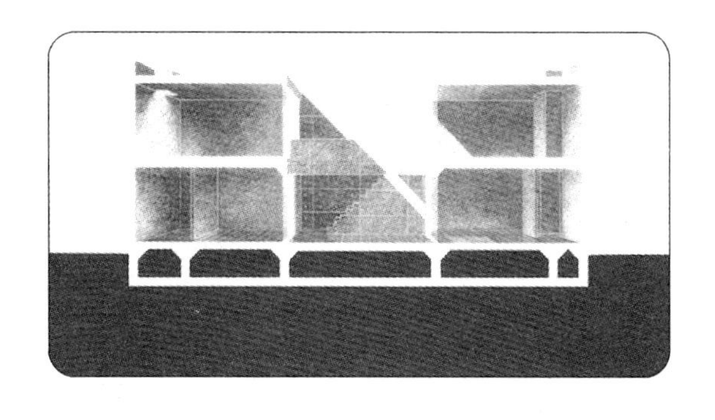

来看由三部分构成,中间是一个镂空的庭院,也是长屋生活的重心,屋内的房间都是由庭院入户,底层庭院的左右两侧分别是厨房、餐厅、卫浴间和起居室。上层的主卧和儿童房被一条长达4.5米的走道分割开来,形成相对独立的私人空间。

大概是这位大师为了体现人与自然的和谐,不希望自己被关在一个全封闭的房子里不能呼吸,不能与自然自由的对话,于是设计的长屋是一个到了下雨天就必须打伞走动的建筑。

安藤忠雄曾坦言,他的大部分作品都是在住吉的长屋内进行思考完成的,这里似乎成为了他灵感的来源地。长屋也变成了日本民居传统文化继承的经典建筑,并在1979年获得了日本建筑学会奖,而这种未经修饰的清水混凝土结构也就成为了安藤建筑的标志。

建筑,既然被称为凝固的音符,也就有着自己独特的个性和特点,当然这来自于它的出身地。

新地方主义建筑或者称之为新本土主义建筑,是一种极富时代性的创作流派,它尊重自然,师法自然,是民族风在建筑中的体现。建筑师将属于本土的特色人文,融入到自己的设计创作中,衍生出一种与传统近似却又不同的建筑风格。地方主义也分为多种,并没有特别的限定,有隐性的批判继承,也有显性的表象渲染。

此类的建筑物大多采用了现代的材料、工艺,更突显了时代的气息,符合现代的生活理念,但又最大限度地利用自然生态环境,极力去营造一种健康舒适的生活,这就是新地方主义最显著的设计特点。

新地方主义建筑代表:

公元1982年　北京,贝聿铭设计的香山饭店

公元1992年　法国埃弗里,马里奥·博塔设计的埃弗里大教堂(Evry Cathedral)

勃兰登堡门
——新古典主义

作为一个现代人，我相信古典建筑语言仍然具有持久的生命力。……我相信古典主义可以很好地协调地方特色与从不同人群中获得的雄伟、高贵和持久的价值之间的关系。古典主义语法、句法和词汇对永久生命力的揭示，正是有序的、易解的和共享空间建筑的最基本意义。

——斯特恩

柏林城始建于1237年，由勃兰登堡边疆伯爵阿伯特负责修建。自15世纪开始，它就一直是勃兰登堡选侯国的首都。1701年，腓特烈一世统一了普鲁士公国和勃兰登堡选侯国，成为了普鲁士王国的第一位国王。1753年，其子腓特烈·威廉一世定都柏林，决定修建柏林城。新的柏林城建造了14座城门，而位于西面的那座城门，因为可以通往其家族的发祥地勃兰登堡，于是便以之命名，称为勃兰登堡门，而这个时候的勃兰登堡门还只是一座用两根巨大的石柱支撑的简陋石门。

后来，腓特烈二世继承了父亲威廉一世的帝位，他大规模发展军事，扩张领土，赢得了1756～1763年的七年战争，统一了德意志帝国。为了庆祝自己的胜利，他决定扩建柏林城墙，并重建勃兰登堡门。当时著名建筑师卡尔·歌德哈尔·朗汉斯接受任命，成为了此门的设计师。卡尔仿造雅典古希腊柱廊式城门的格式设计了这座城门，大门由6根高达14米、底部直径为1.7米的多立克式立柱支撑，门内有5条通道，用巨大的砂岩条石隔开，显得庄严宏伟。雕塑家戈特弗里德·沙多则为此门顶端设计了一尊“胜利女神四马战车”的青铜雕像，并在门上雕刻了20多幅绘有古希腊神话中大力神海格拉英雄事迹的大理石浮雕画，和30幅反映古希腊和平神话“和平征战”的大理石浮雕。

1806年，拿破仑打败了普鲁士军队，并将勃兰登堡门上的胜利女神雕像作为战利品拆卸回巴黎，直到滑铁卢之战大败后，才将其还给德国。为了庆祝其回归，雕刻家申克尔又雕刻了一枚象征普鲁士民族解放战争胜利的铁十字架，镶在胜利女神的月桂花环中。从此，这座胜利女神像也就成为了德意志帝国的象征。

二战期间，苏联军队攻入柏林，战争中德国士兵将大门轰坏，门上的雕像受到严重损坏。直到1956年，柏林市自治政府重建勃兰登堡门，文物修复专家才重新铸造了一座胜利女神雕像，但象征普鲁士军国主义的铁十字架和胜利女神令牌上的飞鹰则被取下。直到1991年东西德重新合并后，整座勃兰登堡门才整修完毕，而铁十字勋章和飞鹰也重新被安装到了胜利女神雕像上。

因为处于东西柏林的交界处，今天的勃兰登堡门已经成为了德国城市统一的象征，更是新古典主义的代表建筑。

新古典主义是流行于18世纪60年代到19世纪欧美时期的古典复兴建筑风格。当时的人们受启蒙运动思想的影响，在建筑中大量借鉴古希腊、古罗马建筑风格，建造了不少如法院、银行、博物馆等公共建筑和一些纪念性建筑。

新古典主义建筑，大体可以分为两种类型：一种是抽象的古典主义；一种是具象的或折中的古典主义。前者以菲利普·约翰逊、格雷夫斯和雅马萨基的作品为代表;后者以摩尔和里卡多·波菲尔的作品为代表。

抽象的古典主义以简化、写意的方法,将抽象出来的古典建筑元素巧妙地融入建筑中,使古典的雅致和现代的简洁得到完美融合和体现,但在采用古典建筑细部时比较随意。具象的古典主义则没有完全模仿古典主义建筑,博采众才,但采用地道的古典建筑细部。

新古典主义建筑代表:

公元 1781 年　捷克布拉格艾斯特剧院(Stavovské divadlo)

公元 1823 年　俄罗斯圣彼得堡海军部大楼(Admiralteystvo),安德里安·扎哈罗夫设计

公元 1874 年　上海汇丰银行大楼

公元 1920~1922 年　上海外贸大楼,思九生洋行设计

献给母亲的温暖
——后现代主义

建筑师再也不能被正统现代主义的清教徒式的道德说教所吓服了。我喜欢建筑要素的混杂，而不要“纯净”；宁愿一锅煮，而不要清爽的；宁要歪扭变形的，而不要“直截了当”的；宁要暧昧不定，而不要条理分明、刚愎、无人性、枯燥和所谓的“有趣”；我宁愿要世代相传的东西，也不要“经过设计”的；要随和包容，不要排他性；宁可丰盛过度，也不要简单化、发育不全和维新派头；宁要自相矛盾、模棱两可，也不要直率和一目了然；我赞赏凌乱而有生气甚于明确统一。我容许违反前提的推理，我宣布赞成二元论。

——文丘里

母亲之家(Vanna Venturi House)建于1962年，位于美国费城栗树山富裕郊区一处宁静小路边的草坪上。这是文丘里为他母亲设计的住宅，也是他的第一个重要的作品。可以说正是从这里，他开始得到世界的认可，也因为这幢住宅，美国建筑师学会在1989年授予了文丘里25年成就奖。

1961年，36岁的文丘里组建了自己的建筑师事务所，因为他追求的“复杂性和矛盾性”的建筑主张并没有得到当时多数人的认可，所以长期以来事务所都是门庭冷落。文老夫人Vanna对儿子的一切，是看在眼里疼在心里，出于对文丘里才华的信任，便委托文丘里为自己设计建造一个新居，于是有了今天的“母亲之家”。

大概是出于对经费的考虑，“母亲之家”的建筑规模并不大，结构也相对简单，但各功能空间的大小与形状都很合理，可以说是麻雀虽小却五脏俱全。建筑底层除了起居室、餐厅、厨房外，另外还有一间主卧室和一间次卧室，卧室和起居室都被安置在朝向较好的一面；楼上则是文丘里的工作室。

建筑中所有的单元都是不规则的混杂的空间，它们通过面对面、边对边的接触集合起来，明晰可见。好像在向世人说明这样的几何排列才真实地反映了家庭生活的繁琐与复杂。处于住宅中心的烟囱和楼梯，应该是这所房子里最能体现复杂性和矛盾性的建筑单元，它们相互交错，灵巧且精致，充分地凸显了“母亲之

家”丰富的室内空间。

文丘里在建筑立面上，还运用了古典对称的山墙，这点很容易让人联想到古希腊或是古罗马的神庙。但他却不是一味地复古，例如烟囱偏向了一边，门洞上有断开的圆弧线，烟囱和后门呈不对称组合，左右的窗户虽采用了相同大小的方形，却通过不同的组合形成不同的整体。这些无一不体现了文丘里“以非传统手法对待传统”的建筑主张。

难怪文丘里会说：“这是我母亲的住宅，它有很多层面，运用了必要的符号来表达信息，体现了对建筑作为一种遮蔽物的理解。”其实文丘里是不太愿意自己被看作是后现代主义者的，但是他的一些建筑理念却在后现代主义运动中起到了重要的推动作用。

什么是后现代主义？后现代主义建筑的特点又是什么？

后现代主义是对现代主义的延续，进而超越甚至是批判，或者说现代主义是对前现代的否定；后现代主义是对前现代的否定之否定。是不是很绕口呢？简单来说，后现代主义并非单一地怀旧，而是将建筑中的多种元素集合在一起，重新诠释建筑语言的价值，提倡多样性、复杂性和关联性。

不同的建筑大师赋予后现代主义建筑不同的理解。《后现代建筑的语言》的作者杰尔斯·詹克斯将后现代主义归纳为六点，即历史主义、大众化的传统复古、新方言派、文脉主义、隐喻主义和后期现代空间。而美国建筑师斯特恩也提出后现代主义建筑有三个特征：采用装饰、具有象征性或隐喻性、与现有环境融合。

建筑师明确的任务：使环境看起来有感情、幽默、令人激动或像一本可读的书……

——《后现代建筑的语言》

维特拉博物馆
——解构主义

解构一词使人觉得这种批评是把某种整体的东西分解为互不相干的碎片或零件的活动，使人联想到孩子拆卸他父亲的手表，将它折为一堆无法重新组合的零件。一个解构主义者不是寄生虫，而是叛逆者，他是破坏西方形而上学机制，使之不能再修复的孩子。

——希利斯·米勒

维特拉博物馆，又称维特拉家具陈列馆，位于德国魏尔市，是一座用不同立方体、锥体、柱体、球体搭建而成的建筑物。可以说它不同于任何我们曾介绍过的建筑，建筑设计上基本没有章法可循，彷佛就是盖瑞随意搭起的一个空间。建筑的表面上看不到任何开口的地方，除了进出的门洞。大概是设计者为了保持建筑表面的完整和流畅，又为了室内空间的开阔和亮堂，所有的窗户都被开到了屋顶上。总之，整个建筑就是一个拼接品，曲面、平面和斜面的穿插，像极了我们小时候摆弄的积木。

其实，盖瑞是从为自己建的住宅中获得的灵感。其住宅位于加利福尼亚州的圣莫妮卡市，是一幢传统的荷兰式住宅，是一座旧宅的改造工程。住宅在两条居住区街道的转角处，是木质结构的两层小楼，斜屋顶。关于这栋住宅更多的数据很难找到，不过有一本书曾经这样描述过，盖瑞在改造住宅的过程中保留了原有的房屋结构，只是在住宅的东、西、北三面进行了大约75平方米左右的扩建工程。例如，在东面和西面分别加了一条小路，作为门厅。北面是扩建最多的地方，主要就是厨房和餐厅。所用的建筑材料都没有进行包装处理，横七竖八地躺着，不加修饰地暴露在建筑的外部，显得格外杂乱无章。以致于住宅改造在完成后，引起了四下居民的议论，更有甚者认为那就是一堆影响市容的垃圾。不仅如此，这还吓退了原本想与他合作的房地产公司。

是不是真的那么不堪呢？非也。在厨房部分，天窗的奇特就是这栋建筑的神来之笔，它不同于当下我们所知道的那种凸出屋面的天窗，而是采用了下沉式的天窗，像是一个从天上砸下来的镶上了玻璃的木框架，刚好被卡在厨房的上方。

这些都被更好地运用到维特拉家具博物馆的建设中。

当然这种标新立异的“丑”,引来的有批判也有赞许。可是就像盖瑞所说的那样,事物是在变化的,变化总会带来差异,差异是好还是坏都是一种发展的过程。我们也处于发展之中,只要抱以乐观的态度积极面对,总有一天这种差异会被认可。就是这样的差异,促成了一个新的建筑流派的诞生——解构主义建筑。

解构主义建筑,源于60年代法国哲学家雅克·德里达对西方几千年来一贯的哲学思想的不满而提出的反传统的解构理念,由此所引发的一场建筑运动。

在德里达的理解里,解构就是一段给定文字的意义不是由组成这段文字的各个单字所指的事物所决定,而是取决于单字之间的组合。不同的排列会出现不同的意义。就如同中国古代拆字解文之事,一个字可以有不同的拆法,拆过后和不同词组合又衍生出不同的文义。解构的目的就是打破原有结构的平衡性,将元素重新组合产生新的平衡结构。所以解构主义最大的特点是反中心、反权威、反二元对抗、反非黑即白。

这种思想被运用到建筑上,就变作建筑师在建筑上不同的给予。解构主义建筑强调变化、随机性和理性排列的统一,是解体与建构的整合。建筑师屈米对解构主义建筑设计提出过三个设计原则:把“综合”现象改为“分解”现象;排斥传统的使用与形式间的对立,转向两者的叠合或并列;强调片段、叠加及组合使分解的力量突破原限制,提出新的定义。

伯纳德·屈米(Bernard Tschumi)

建筑师、理论家和教育家。1944年出生于瑞士洛桑,1969年从苏黎世联邦工科大学毕业后到一直从事教师工作,曾任纽约哥伦比亚大学建筑规划保护研究院的院长职务。1983年设计的巴黎拉维莱特公园是他早期的作品,也是解构主义的代表作。在纽约和巴黎他都设有自己的事务所,他个人在建筑理论上的成就较高,着有《曼哈顿手稿》(1981年出版)、《建筑与分离》(1975~1990年理论专著合集)等。主要建筑作品有:东京歌剧院(1986)、纽约未来公园(1987)、德国卡尔斯鲁厄市的媒体传播中心(1989)、巴黎国家图书馆(1989)、瑞士桥状式的复合建筑(1992)等。

宗教与空间和谐互动
——白色派建筑

我认为能被挑选上是莫大的光荣,这对教廷与犹太人之间的历史而言是和平的象征,因此是很重大的责任。

——理查德·迈耶

2003 年 10 月 26 日,意大利又一座地标性的建筑在罗马落成——这就是罗马千禧教堂。

千禧教堂位于罗马市郊 6 公里处,是继水晶教堂和哈特福德神学院之后,第三座由理查德·迈耶设计的教堂建筑。据说 1995 年,教廷为建千禧教堂招募设计,同时参加竞标的设计师还有安藤忠雄、弗兰克·盖瑞、彼得·艾森曼等名家大师,最后由这位迈耶得标。他也理所当然地成为了犹太人设计天主教教堂的第一人,现在还说不好这样是否更能促进犹太教和天主教的和平,但正如迈耶所说,这是一个光荣而艰巨的任务,也是对建筑师来说可能获得的最好支持。

从 1998 年开始到 2003 年,历经 5 年的时间,迈耶终于建成了这融合诸多建筑、文化元素的旷世之作。从外观来看,很难理解这是一座教堂,因为它并没有一般人所理解的教堂的特色,例如讲道坛、十字形的标志等,它似乎有意或无意地舍弃了一些陈设的东西。

教堂整个就是一个字"白",这也是迈耶建筑最大的特色。三片弧墙应该是最早进入我们视线的建筑部分,弧墙的侧面装上了通透的落地玻璃,内侧是礼拜堂,堂内可以自然采光,透过透亮的天窗屋顶和落地玻璃,信徒们沐浴在温暖的阳光中信奉他们的主。弧墙因为高矮不同,被天主教徒看成是圣父、圣子和圣灵三位一体的象征。在迈耶的建筑设计理念中,圆形象征着天穹,那是天主自己的地方,是圆满的意思。据说在迈耶的原设计里,有一个可以映衬出三面弧墙的水池,估计是被教廷主权者忽视了,所以目前可见的教堂只是有三面弧墙和墙北边的混凝土结构的构筑物组成。《圣经》中天地代表了一切的存有,整个的受造界,也代表了受造物之间的联系,如果说圆弧的墙面代表了穹苍,那么这个附在墙边的构

筑物则代表理性的大地,是人的世界。

可以想象,教徒们不用置身殿内就已经可以感觉得到主的庇佑了。或许在外面空想会比在教堂聆听神职人员的朗诵要来得好。迈耶说,教堂最大的败笔就是教堂的音效,尽管他非常注意这个问题,也极力避免扩音器在教堂中的使用,可是怎么也逃不脱同样的命运。

白色派建筑,可想而知其建筑作品是以白色为主色的,白色是一种特别的中性色彩,是深邃、宁静的代表。特别是加之设计师将其与通透的玻璃结合在一起使用,则更能突出材料的非天然效果,质地和观感也是一流。在美国,此类作品也就被称为了当代建筑中的"阳春白雪"。

"白色派(The Whites)"和"纽约5人组"都是我们时常会听到的对这类建筑师的雅称。白色派在纽约由以埃森曼(Peter Eisenman)、格雷夫斯(Michael Graves)、格瓦斯梅(Charles Graves)、赫迪尤克(John Hedjuk)和理查·迈耶(Richard Meier)为核心代表,在70年代前后建筑创作活动频繁。

白色派建筑的主要特点:

1. 建筑形式纯净,局部处理匀净利落、整体条理清楚。

2. 在规整的结构体系中,透过蒙太奇的虚实的凹凸安排,以活泼、跳跃、耐人寻味的姿态突出了空间的多变,赋予建筑明显的雕塑风味。

3. 基地选择强调人工与天然的对比,一般不顺从地段,而是在建筑与环境强烈对比、互相补充、相得益彰之中寻求新的协调。

4. 注重功能分区,特别强调公共空间(public spaces)与私密空间(private spaces)的严格区分。理查德·迈耶设计的道格拉斯住宅(Douglas House,

1971～1973）就是白色派作品中较有代表性的一个。

白色派的室内设计特征：

1. 空间和光线是白色派室内设计的重要因素，往往予以强调。

2. 室内装修选材时，墙面和顶棚一般均为白色材质，或者在白色中带有隐隐约约的色彩倾向。

3. 运用白色材料时，往往暴露材料的肌理效果。如突出白色云石的自然纹理和片石的自然凹凸，以取得生动效果。

4. 地面色彩不受白色的限制，往往采用淡雅的自然材质地面覆盖物，也常使用浅色调地毯或灰地毯。也有使用一块色彩丰富、几何图形的装饰地毯来分隔大面积的地板。

5. 陈设简洁、精美的现代艺术品、工艺品或民间艺术品，绿化配置也十分重要。家具、陈设艺术品、日用品可以采用鲜艳色彩，形成室内色彩的重点。

理查德·迈耶（Richard Meier）

美国建筑师，“建筑界五巨头”之一，现代建筑中白色派的重要代表。1935年，理查德出生于美国新泽西东北部的城市纽瓦克，曾就学于纽约州伊萨卡城康奈尔大学。早年曾在纽约的S.O.M.建筑事务所和布劳耶事务所任职，并兼任过许多大学的教职，1963年自行开业。大学毕业后，迈耶在马塞尔·布劳耶（Marcel Breuer）等建筑师的指导下继续学习和工作。1963年，迈耶在纽约组建了自己的工作室，其独创能力逐渐展现在家具、玻璃器皿、时钟、瓷器、框架以及烛台等方面。

第三篇

建筑科学与文化艺术

来自鸟巢的灵感
——仿生设计学

它的形象乍看起来令人惊讶,但仔细琢磨,自有它的道理。鸟巢的形状不仅让人觉得亲切,而且还给人一种安定的感觉。

——梅季魁

“鸟巢”自北京申奥成功全球招募设计开始,就一直备受世人关注。关于它一直都是众说纷纭,可以说它是一个极具争议性的话题建筑。其实“鸟巢”并非设计师在设计之初刻意所为,但它确实极其具体地再现了鸟巢的形象,幸而,设计师们也很认同这一说法。

让我们来说说“鸟巢”这个实体。国家体育馆就如同一个巨大的容器,坐落在奥林匹克公园内,位于北京城中轴线北端的东侧。作为第29届奥林匹克运动会的主会场,它当然有着自己独特的结构形式。从空间结构来说,它完全采用了钢构形式,建筑的材质在观感上直接显现。这个建筑物的用地面积达20.4万平方米,建筑面积为25.8万平方米,是一个能容纳10万人的会场,可以承担特殊的重大体育比赛、各类常规的赛事及非竞赛类项目。它完全符合国家体育场在功能和技术上的需求,又不同于一般体育场建筑中大跨度结构和以数字屏幕为主体的设计手法。

“鸟巢”由24根柱距37.96米的桁架柱支撑,为门式钢架的外形结构。大跨度的鞍形屋面长轴为332.3米,短轴为296.4米,最高点高度为68.5米,最低点高度为42.8米。屋面在原设计中是一个可开启的屋顶,因为取消了材料和结构的原因,设计师在保持“鸟巢”建筑风格不变的前提下,进行改造和优化,不仅扩大了屋顶的开口,在材料上也大量减少了钢材的用量,使结构优化。

如同鸟会在它们在树枝上编织的鸟巢间加一些软充填物一样,为了使屋顶防水,体育场结构间的空隙将用透光的膜填充。主看台部分采用钢筋混凝土框架——剪力墙结构体系,与大跨度钢结构完全脱开,形成一个碗状,听说这样的构造可以调动观众的兴奋情绪,并使运动员超水平发挥。仿生学是以研究生物系统的结构和性质，并为工程技术提供新的设计思想及工作原理的一门科学。

仿生设计学，又称设计仿生学（Design Bionics），是仿生学和设计学的一个集合，涉及的领域相当广泛。“鸟巢”的设计就是一种仿生设计。仿生设计学与仿生学不同，它是人类社会生产活动与自然界融合的产物，把自然界中的各种元素融会贯通。“形”、“色”、“音”、“功能”、“结构”都是仿生设计学研究的对象，在设计过程中人们有选择地应用某些生物的特征作为设计的主干。

借助仿生设计学手法，“鸟巢”得以成为巨大的钢网围合、可容纳10万人的体育场。虽然它的外观给人的印象是无序的、不规则的，但实际上，由于仿生设计学原理的成功导入和灵活运用，使诸多长久以来在体育场建筑结构方面存在的重大难题迎刃而解。观光楼梯自然地成为结构的延伸；立柱消失了，均匀受力的网如树枝般没有明确的指向，让人感到每一个座位都是平等的。坐在观众席上如同置身森林；把阳光滤成漫射状的充气膜，使体育场告别了日照阴影。更值得一提的是，一般大跨度体育场馆屋顶看上去很杂乱，既不美观又容易使观众分散注意力，而坐在“鸟巢”的观众席向上看，除了蓝天白云，只能看到一层薄薄的白色“剥椟纸”——那是“鸟巢”屋顶双层膜结构的下层。这层半透明的膜遮蔽了错综复杂的钢结构屋顶和屋架内的设备、管道，使观众的目光更容易聚焦于场内的赛事。

赫尔佐格和德梅隆（Herzog & de Meuron Architekten, BSA/SIA/ETH [HdeM]）是一家瑞士建筑事务所，总部于1978年在瑞士巴塞尔成立，另在伦敦、苏黎世、巴塞罗那、旧金山和北京都设有分支机构。它的创办人和资深合作人，雅克·赫尔佐格（Jacques Herzog）和埃尔·德·梅隆（Pierre de Meuron）曾就读于同一小学、初中、大学。他们最为著名的作品为泰特现代美术馆（Tate Modern）的改造工程。近年来的作品有东京Prada旗舰店，巴塞罗那Forum Building，北京国家体育场“鸟巢”等，作品直接从“材料”、“表皮”、“建构”入手，摒弃芜杂的手法。2001年，赫尔佐格和德梅隆获得了建筑业的最高荣誉普立兹克奖。

"水立方"
——透明而溢动的音符

它是一个双层ETFE系统，外面一层里面一层，从这个角度来讲，它是第一个，也是世界独一无二的。

——詹姆斯

奥运会带给中国的不仅是经济和荣誉，也带来了地标性的建筑。它有一个富有诗意的名字——水立方，国家游泳中心，自2003年12月24日开始动工，历经5年才完工。

这个看似简单得像个"方盒子"的"水立方"，建于北京奥林匹克公园内，与圆形的"鸟巢"——国家体育场相互对应。这样的建造正好应了中国传统文化中"天圆地方"的设计，没有规矩不成方圆，在中国人看来就是一种定制的规矩。方形是古城北京的特殊城市设计，它象征了中国传统文化中的四方纲常，而这四方的"水立方"则正好印证了这一传统和现代的结合。再加之与"鸟巢"的搭配，不管是有意的还是无意的，都可称得上和谐的统一整体。

犹如一块透明“冰块”的水立方,建设面积约 7.95 万平方米,是一个高 31 米,长宽 177 米 × 177 米的建筑,由 3 065 个蓝色气枕构成,看起来形状很随意的建筑立面,遵循严格的几何规则,立面上的不同形状有 11 种。“水”是中国文化里一个不可或缺的元素,水属玄,老子有云:“上善若水。”这是做人的道理和方法,如水一般地滋润万物,却不居功至伟,恰好应了中国人的“和”。

此外,国家游泳中心的设计方案,体现出[H_2O]$_3$(“水立方”)的设计理念,融建筑设计与结构设计于一体,设计新颖,结构独特,它的膜结构已成为世界之最,而它内部的视觉效果又彷佛是奇异的“泡沫”。这种特殊的结构,解决了一个被称为世界建筑界“哥德巴赫猜想”难题的“泡沫”理论。它是根据细胞排列形式和肥皂泡天然结构设计而成的,这种形态在建筑结构中从来没有出现过,创意真是奇特。内层和外层都安装有充气的枕头,梦幻般的蓝色来自外面那个气枕的第一层薄膜,因为弯曲的表面反射阳光,使整个建筑的表面看起来像是阳光下晶莹的水滴。而如果置身于“水立方”内部,感觉则会更奇妙,进到“水立方”里面,你会看到像海洋环境里面的一个个水泡。

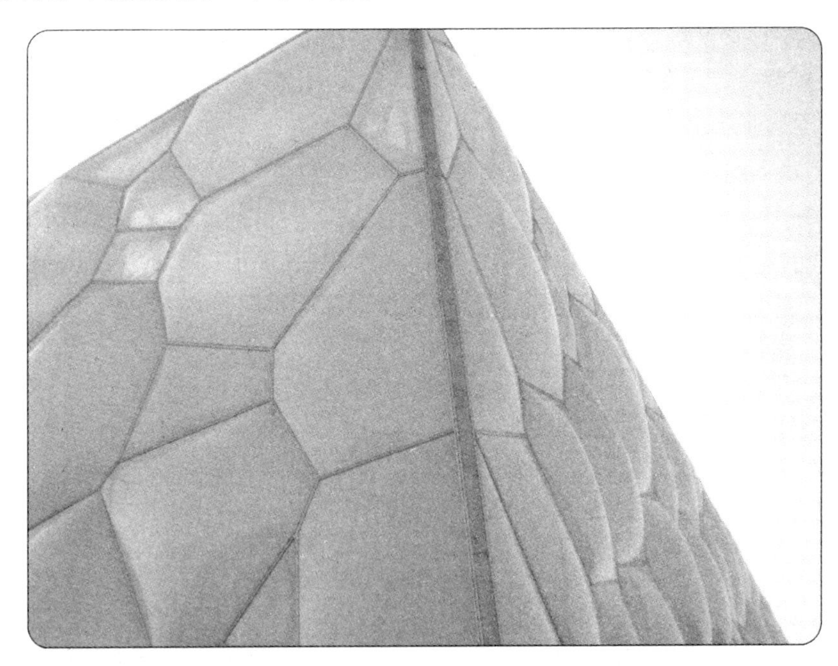

国家游泳中心,赛后将成为北京最大的水上乐园,所以设计者针对各个年龄层的人,探寻水可以提供的各种娱乐方式,开发出水的各种不同的用途,他们将这种设计理念称作“水立方”,希望它能激发人们的灵感和热情,丰富人们的生活,

并为人们提供一个记忆的载体。

"水立方"从建筑到结构完全是一个创新的建筑,蕴涵着极高的科技含量。其中最具特点的就是那形似水泡的 ETFE 膜,这是一种乙烯—四氟乙烯共聚物。因为覆盖面积达到10 万平方米,是目前世界上最大的 ETFE 应用工程。这种膜结构建筑是 21 世纪最具代表性的一种全新的建筑形式。它将建筑学、结构力学、精细化工、材料科学、计算机技术等各大学科融为一体。

现在介绍一下 ETFE 膜这种建筑材料,其质量只有同等大小玻璃的 1% ,具有以下优点:1. 高强度,重量轻,大跨度;2. 韧性好,力与柔的完美结合,可塑造型多;3. 耐温又能吸收更多的阳光,并且不会自燃、耐腐,且有奇妙的自洁功能,有"它们不沾附尘土,风一吹,土就走了"一说;4. 工期短、拆装便捷;5. 经济性。

膜结构采光顶典型工程:

公元 1988 年　东京巨蛋

公元 2001 年　德国慕尼黑安联体育馆(FIFA World Cup Stadium Munich)

黄金分割
——建筑的1.168

几何拥有两件至宝:一件是毕达哥拉斯定理;另一件是把线段做中末比分割。第一件足以和黄金媲美;第二件我们或可称之为珍贵的珠宝。

——克卜勒

相传雅典建成后,众神争相守护雅典,经过一番争执,最后决定守护神从智慧女神雅典娜和海神波塞冬中产生。一场激战在所难免,事情传入了雅典娜父亲主神宙斯的耳朵里,他决定让雅典娜和波塞冬给雅典人民送上各自觉得最有用的礼物,然后由人们做出选择,决定这座城邑由谁护佑,用谁的名字命名。于是雅典娜和波塞冬各显神通,波塞冬用他的三叉戟敲了一下卫城山顶的岩石,一匹战马随着海水奔腾而出,给人民金戈铁马,是战争的象征;雅典娜则用她的长矛敲了一下岩石,岩石上长出一株茂盛的橄榄树,生气盎然,是和平的象征。于是雅典人选择了雅典娜,并在卫城的最高地建造了帕特农神庙。"帕特农"就是雅典娜女神的别名,神庙又被称作"雅典娜帕特农神殿",是雅典最大的供奉女神雅典娜的庙宇。

史书上记载,神庙始建于雅典最辉煌的时期,公元前 447 年,由伊克梯诺(Lctinus)和卡里克利特(Callicrates)设计,但是直至公元前 438 年才正式在帕那太耐节上作为礼物呈给雅典娜,神殿里至今还存有记载这一活动的壁画。

帕特农神殿是希腊鼎盛时期雕塑和建筑的杰出代表。神殿平面呈简洁的矩形,面积达 2 170 平方米,神庙完全采用了白色的大理石砌筑,周身由 46 根高达 10.4 米的大理石柱支撑形成回廊,东西两各 8 根多立克式柱。整个神殿的垂直线和水平线完全符合黄金比例的分割。庙宇分前殿、正殿和后殿,2 500 多年来历经了战争、天灾的洗礼,特别是 1687 年威尼斯人与土耳其人的那场战争后,现在的神殿只剩下残骸。更甚者,有人连这些残骸都不放过,英国贵族埃尔金斯勋爵将大部分残留的雕刻运回自己的国家,至今雅典人和英国人还在就归属问题对簿公堂。

如今神殿里供奉的雅典娜女神只是古罗马时期的一个小型仿制品,曾经那个用黄金象牙雕刻,高达12米的雅典娜巨像已经在被东罗马帝国皇帝掳走时丢失在海里。

不知道上帝是出于何种的“居心”,总是让世间最美好的都残缺,但尽管残缺,我们依然能够从中感受到当年的壮美。

早在古罗马时代,建筑权威维特鲁威就在《建筑十书》中写道:“建筑物必须按照人体各部分的式样制订严格的比例。”建筑因为合理的比例而变得更加美丽。

黄金分割是因为一个比例引起的,这一比例被广泛地应用到了造型艺术中,特别是工艺美术和工业设计,长宽比在设计中起了非比寻常的作用,故称为黄金分割。具体说来,就是把一条线段分割成两部分,其中一段与全段的比例等于另一段与这一段之比。这个比值是一个无理数,取其前三位数字的近似值是1.618。用数学语言来描述,即已知线段AB被点C分成AC和BC两条线段,若$AC/AB=BC/AC$,那么称点C是线段AB的黄金分割点,则有$AC:AB=(-1)/2:1\approx1.618:1$。

黄金分割,也称为中外比、外内比、中末比等,其实意思都一样。这个数值的作用不仅体现在诸如绘画、雕塑、音乐、建筑等艺术领域,在管理、工程设计等方面的作用也不可忽视。例如,在会场中,我们听演讲时,很少看到演讲台会设在舞台的正中央,一般都会偏向舞台的某一侧,这就是黄金分割点的作用,除了美观,也

是考虑到了声音传播的最好效果;甚至植物的叶片分布都有着黄金分割的规律。

全球的著名建筑大多采用了黄金比例分割。比如法国巴黎圣母院的正面高度和宽度的比例是8:5,它的每一扇窗的长宽比例也是如此;巴黎埃菲尔铁塔、加拿大多伦多电视塔(553.33米)等,都是根据黄金分割的原则来建造的。

古都北京
——对称的城市设计

一根长达8公里,全世界最长,也最伟大的南北中轴线穿过全城。北京独有的壮美秩序就由这条中轴的建立而产生;前后起伏、左右对称的体形或空间的分配都是以这中轴线为依据的;气魄之雄伟就在这个南北引伸、一贯到底的规模。

——梁思成

北京,是个有着3 000多年历史的五朝古都,战国的燕、五代的前燕、金、元、明、清都定都于此。不同的朝代赋予了它不同的称谓,也为它带来了延续的深厚的文明。

北京城,是一个说不尽道不完的地方,曾经一度被戏称为对称的古都。对称说的正是古北京在城市设计方面的成就,整个城市从永定门开始,经前门箭楼、正阳门、天安门、端门、午门、紫禁城、神武门、景山、地安门、后门桥到鼓楼和钟楼,形成一条长约7.8公里,贯穿南北的中轴线。京城的建筑也随着主对称轴的形成辐射排列开来。

北京城的对称轴不仅是空间的线索,也是历史的线索。应该从1264年忽必烈选址开始讲起,当时的规划师将什刹海、北海一带的天然湖泊融合到了城市规划设计中,并用一条通往南北的直线将湖泊圆弧状岸边分隔开,这条切线就是当今城市中轴线的雏形。后来,明朝又将中轴线向南加以延长,直至北京外城。紫禁城就被安放在这条轴线的中心点上,彷佛在向世人昭示帝王们不可动摇的中心地位。

可是这个被贝肯称作“地球表面人类最伟大的个体工程”的地方,正在逐渐地改变。为了挽救这一濒临消失的城市文化,在一个名为“文化北京何处去”的主题会议上,北京古都的保护者们决议向正在召开的世界遗产大会呈递了一封保护北京古都的公开信。或许这只是万全之计而已,像梁思成之子梁从诫说的:“除此之外,我已不抱任何希望。”

为何一个如此大的城市却容不下一个弹丸之地呢?莫非只有拆掉古城才能

促进经济繁荣？人总是以为别人的比自己的好，那原本的也就不再懂得珍惜。记得马里奥·博塔来中国考察的时候，曾对中国的建筑同行说过："你们没有必要生搬西方的东西，只要把故宫研究透就够了。"这样的语言究竟表达了什么呢？

孰是孰非，世人自有评述。

城市设计又称都市设计，通常是指以城市作为研究对象的设计工作，是介乎城市规划、景观建筑与建筑设计之间的一种设计。这是一种关注城市规划布局、城市面貌、城镇功能，并且尤其关注城市公共空间的一门学科。

城市设计是一门复杂的综合性跨领域学科，它与城市工程学、城市经济学、社会组织理论、城市社会学、环境心理学、人类学、政治经济学、城市史、市政学、公共管理、可持续发展等知识都息息相关。它侧重于城市中各种关系的组合，与交通、建筑、开放空间、绿化体系、文物保护等城市子系统交叉综合、相互渗透，是一种整合状态的系统设计。

著名的城市设计师和城市设计理论家有：卡米罗·西特（Camilo Citte）、克里斯多夫·亚历山大（Christopher Alexander）、凯文·林奇（Kevin Lynch）、简·雅各布斯（Jane Jacobs）、雷姆·库哈斯（Rem Koolhas）、威廉姆·怀特（William H. Whyte）、柯林·罗（Colin Rowe）、槙文彦（Fumihiko Maki）。

北京恭王府
——萧散的园林建筑

一座恭王府,半部清朝史。

——侯仁之

乾隆年间,和珅独受宠爱,权势日炽,一手遮天,靠着皇帝的信任和宠爱,他肆意贪污、大收贿赂、聚敛财富,竟然成为了18世纪的中国首富。这位大贪官骄傲自得、奢靡浪费,自然不会忘记为自己修建起可供游玩的住宅和园林。靠着巨大的财富,他修建起了不少的宅院,比如淑春园等,而其中最知名的,则是始建于1776年的翠锦园,即今天的恭王府。这座当年的和珅住宅,因其保存完好、园林设计巧妙、构造精美,以及其所见证的清朝历史,成为了今天的一大景观。

和珅府邸之巧夺天工,在当时世人皆知。乾隆的第十七个儿子庆僖亲王永璘,对储位之争漠不关心,却对和珅的府邸垂涎三尺,曾经对乾隆说道:"天下至重,怎么敢存非分之想,只希望圣上他日能将和珅邸第赐我居住就心满意足了。"可见其府邸之豪华精美,连王爷府也万万比不上,但也正因此,使其成为了和珅日后的罪证之一。

嘉庆四年,乾隆去世后的第二天,嘉庆帝立刻下令褫夺了和珅的所有官职,查抄了其家。根据《和珅犯罪全案文件》记载,和珅的府邸共有"正屋一所十三进,共七十八间;东屋一所七进,共三十八间;西屋一所七进,共三十三间;东西侧房共五十二间;徽式房一所,共六十二间;花园一座,楼台四十二所;钦赐花园一座,亭台六十四所;四角更楼十二座;堆子房七十二间;杂房六十余间。"规模之宏大,仅次于皇宫。而在嘉庆给他列出的罪证中,他模仿皇宫的制式修建房屋,也正是其中之一,其府邸中的西路正房锡晋斋就是完全仿造了故宫中宁寿宫的格局,以金丝楠木建造,完全超越了臣子所应有的建筑规格。

和珅下台后,嘉庆便将其府邸赐给了对之念念不忘的永璘。后来咸丰初年,咸丰帝将此府收回,又转赐给了其弟恭亲王奕䜣,此后这座府邸也就一直被称作恭王府。恭亲王调集了上百名的能工巧匠对这座府邸进行改建,将江南园林风格与北方的建筑格局合为一体,并将西洋的建筑风格融入中国古典园林建筑中,环山衔水、曲廊亭榭、曲折掩映,步步有美景,处处有惊喜,创造出了独特的园林风格,堪称王府园林之冠。

恭王府分为中、东、西三路,贯穿了整个府邸,其中花园是中路的主体建筑,占地2.8万平方米。花园大门完全仿西洋建筑修建,是砖石垒砌的拱券式形状,并雕有西洋风格的花卉。门边是向东西延伸的不规则假山,形成了一道将府邸和花园巧妙隔开的围墙。假山低处,可略见园中胜景,假山高处,则可登上俯瞰园林,意趣无穷,这种设计在中国的园林设计布局中,极为罕见。园中有独乐峰、蝠池、邀站台、蝠厅等景点,古木参天、怪石林立、环山衔水,得皇帝亲许引活水入园,山、城、水、亭、绿化等组景布局之妙,是恭王府独有的园林之胜。

这座至今保存完好的王爷府邸,不仅仅是数百年清朝历史的见证,更是清朝园林建筑文化的代表作之一。

中国古代园林设计固守着"宫室务严整,园林务萧散"的设计原则。也就是说,房屋和城市的建筑讲究规则和对称,等级森严,条理分明;而园林的设计则以不规则、非对称的风格为主,偏重于曲线的运用。

中古的古典园林追求一种天人合一、阴阳和谐的空间环境,更多地体现了道家的观念,与儒家所主张的严格理性秩序在房屋建造上的影响有很大的不同。在这样的观念中,园林的设计更为灵活自由,讲究移步换景,起承转合的过程,使得各种"境界"依次出现,构成了一种强烈的艺术效果。

在园林设计中,轴线成为了控制空间秩序的关键。它起了对于一个大的空间体系的控制作用,使得许多看来自然随意的空间要素变得严谨而合理,看似漫不经心的设计,实际上却有着严格的主次划分和引导作用。而这种轴线的运用在大型皇家园林的设计中尤其重要。

中国古代园林建筑代表:

建于明嘉靖年间(公元 1522 ~ 1566 年) 苏州留园

始建于公元 1750 年 北京颐和园

公元 1860 年重建 苏州拙政园

初建于元朝至正二年(公元 1342 年) 重修于公元 1917 ~ 1926 年间,苏州狮子林

建于清同治、光绪年间 苏州怡园

四合院
——中国建筑的围合空间

有钱不住东南房,冬不暖来夏不凉。

——老北京谚语

所有去过北京的人都应该去看看老北京的胡同,没有人能忘却那在胡同深处的四合院。

在老舍的《四世同堂》里有一段这样的描述:"……说不定,这个地方在当初或者真是个羊圈,因为它不像一般北平的胡同那样直直的,或略微有一个两个弯儿,而是颇像一个葫芦。通到西大街去的是葫芦的嘴和脖子,很细很长,而且很脏。葫芦的嘴是那么窄小,人们若不留心细找,或向邮差打听,便很容易忽略过去。进了葫芦脖子,看见了墙根堆着的垃圾,你才敢放胆往里面走,像哥伦布看到海上漂浮着的东西才敢向前进那样。走了几十步,忽然眼前一明,你看见了葫芦的胸:一个东西有四十步,南北有三十步长的圆圈,中间有两棵大槐树,四周有六七家人家。再往前走,又是一个小巷——葫芦的腰。穿过'腰'又是一块空地,比'胸'大着两倍,这便是葫芦的肚了。'胸'和'肚'大概就是羊圈吧!"这里就是小羊圈胡同,现在已经改名为小杨家胡同。据说胡同基本保持了原有的模样,和老舍《四世同堂》里描述的一样,那狭窄的"葫芦嘴"至今还在……

老舍的很多作品都是以这里为背景的,比如《小人物自述》和《正红旗下》。老舍是满族人,他的父亲跟和珅一样,都是满洲八旗之一的正红旗子弟,正红旗是下五旗,在八旗中人数最少。老舍的父亲在他一岁半的时候就去世了,或许是这样他才写了《正红旗下》一文以纪念父辈,也祭奠那个在他记忆里有着不可磨灭的小羊圈胡同。

而老舍最知名的小说还是《四世同堂》。故事发生在1937年的抗日战争时期,讲述了住在同一屋檐下的姓祁的四代人。身为四世之尊的祁老太爷是一个令人尊重的、正直的老者,因为经历了八国联军打进北京的时局,他便想当然地以为这场战役的硝烟不会弥漫很久,老爷子一心守望四世之家,对自己的大寿更是看得比任何事情都重要,可是始终也没能过上一个风光的大寿……

这个故事看似跟建筑没有太大的关系,其实不然。故事就发生在胡同里的四合院内,四合院中“四合”除了代表四面合实的意思,还代表了“四世同堂”,意指住在一个院子里的一家人共享天伦之乐。

实际上所谓的四合院,早在夏朝晚期就已经出现了此类建筑的雏形,它是中国建筑中一个不可或缺的细胞。

这种建筑被戏称为“中国盒子”,既然是“盒子”,可想而知,建筑必然是一个正方的或是长方的矩形,因为建筑物是一个院子四个面建屋,形成一个院落,看似一个以院为中心的“口”字的围合空间。院落通过一个木质的大门进出,院门一关,整个建筑就大隐于市了。这类建筑多出现在华北地区,是一种传统的合院式建筑形式。

四合院一般是坐北向南的。从大门进入,北面的房间称作正房,就是主人房;东西两侧是晚辈的住房,也叫东西厢房,房间无论是布局还是格局都是对称设计;南面的房间是为了跟北面相呼应而建的,被称作倒坐房,一般用作客厅或是书房。若是空间允许,在四方的角上也会布置一些房间,这种房叫耳房,用作厨房、厕所或是储物室。

四合院一般有三种规格,最大的自然是皇宫或是清王府第;再小的称作中四合院,有三个院落,分前庭和后院,要通过三个门,有 5 ~ 7 间正房,正房前设有回廊,东西两侧的厢房各有 3 ~ 5 间,厢房往南有山墙把庭院分开,形成独立的院落;小的四合院布局就相对简单,有 3 间正房、4 间厢房、3 间倒坐房。

此外,四合院建筑讲究很多,例如:大门只能开在"巽"位或"干"位;院门前不能种槐树,会被路人说有"吊死鬼";又因为"桑"与"丧"同音,所以种桑树也是忌讳的。

胡同的来源流传有三种:

第一,蒙古语、突厥语、女真语、满语等少数民族"水井"大致是 huto 这样的音,井泉是居民生命之源,所以胡同的引申义就是居民居住的地方,后又被引申为街巷。

第二,元朝时把街巷称为"火弄"、"弄通",所以胡同是由"火弄"、"弄通"演变而来的。

第三,这种解释有点政治色彩,说胡同一词是元朝的词语,意思是胡人大同的意思。

建筑也可以很"小"
——建筑小品

邦君树塞门,管氏亦树塞门。……管氏而知礼,孰不知礼?

——《论语·八佾》

"祸起萧墙"这句话人们用的很多,但萧墙究竟是什么东西,却并不是每个人都会去深究的事了。相传旧时的人们都认为自己的住宅中会不断有鬼出没,若是自己祖宗的魂魄回家当然是好事,但如果是孤魂野鬼溜进宅子,就会给家宅带来不幸。为了阻止孤魂野鬼的闯入,人们就建起了一道所谓的墙,这便是萧墙了。如果鬼进入宅子,便会在萧墙上看到自己的影子,然后就会被吓走,不再骚扰这户人家。当然这也不过是一个传说,萧墙真正的名字是影壁,属于建筑小品之一。

在中国古建筑小品中,最精美的影壁要数三大彩色琉璃九龙壁,分别是北京故宫的九龙壁、北海的九龙壁和山西大同的九龙壁。三座九龙壁中两座建于明朝,一座是清朝建筑,堪称我国影壁三绝。

位于山西大同市区东街路南的九龙壁,是目前所知最大的一座,长达45.5米,高8米,厚2.02米,据考这座九龙壁建于明朝洪武年末,是代王府前的一座影壁。

明太祖朱元璋定鼎应天府后,对儿子们实行了封藩政策,朱桂就是朱元璋的第十三个儿子,也是大同的藩王。其实他从小就被册立为太子,可惜他不学无术,个性暴戾,到了20岁的时候,朱元璋终于因为他的无才无德,废掉他的太子之位。但为了平息他的不满,便册封他为代王,并命他镇守大同,还不惜经费,在大同城内大兴土木,修葺宫殿,并给街道取名"皇帝街"、"正殿街"等,再加之他特殊的地位,代王妃是明朝开国元勋中山王徐达之女,仁孝文皇后的妹妹,所以说朱桂在大同过足了皇帝瘾一点也不为过。

朱元璋逝世后,皇太孙朱允炆继承皇位,朱棣为自保起兵造反为王。朱桂力挺兄长,在他四哥成为明朝第三个皇帝之后,他便主动上交出兵权,在远离燕京的大同过起了自己的小日子。

对于自己的弟弟，朱棣还是很好脾气的。就拿这九龙壁来说，也是代王在看了燕王府的九龙壁后，把图样带回大同，据代王妃徐氏之旨烧造的，并且“比燕王府的龙壁长二尺、高二尺、厚二尺”。壁面均匀地雕刻着九条七彩云龙，各具姿态，气势之磅礴，壁两侧雕着日月图案。当然，若是从真正的龙文化角度来说，大同九龙壁并非真龙，因为它们都只有四个爪，应该是蟒。关于九龙壁，更值得一提的是壁前的倒影池，壁上的九龙投影池中，化静为动，仿若游龙戏水一般。

关于这个倒影池，在大同至今还流传着一个传说：九龙壁建成后的一天，代王站在端礼门的门楼上扶栏欣赏，忽然雷雨交加，有两个霹雳飞向九龙壁，在龙壁前出现了一个大坑，在龙壁后不远的金泊仓巷内劈出两眼深泉，清冽的泉水中分别腾起一黄一黑两条巨龙，昂首向龙壁前大坑中喷注清泉，远看坑中似有九龙飞舞嬉戏，妙不可言。代王遂令将水坑修成倒影池，将二泉修成二井，其水一甜一苦，从此倒影池便成为九龙壁不可分割的一部分了。

九龙壁是中国明朝的珍贵建筑，建在院落的前面，既是整个建筑物的一个组成部分，又显示了皇家建筑的富丽堂皇。除九龙壁外，中国各地还有一龙壁、三龙壁、五龙壁等。

南方称影壁为照壁，其功能上的作用，就是遮挡住外人的视线和大门内外杂乱呆板的墙面和景物，即使大门敞开，外人也看不到宅内，还能起到美化大门出入口的作用。最常见的影壁是一面独立的墙体，这叫独立影壁。独立影壁的下部常常设须弥座，顶部是屋顶，墙体的中部叫做影壁心。其花纹图案有多种变化，砖雕花色有钩子莲、凤凰牡丹、荷叶莲花、松竹梅等。还有整面影壁为砖雕的一幅画面，内容为花卉、松鹤等吉祥图案。

影壁从构造上分为上、中、下三部分，下为基座，中间为影壁心部分，影壁上部为墙帽部分，彷佛一间房的屋顶和檐头。建筑小品是指围绕主体性建筑而修建的小型筑物。除影壁外，阙、亭、廊（古建筑屋檐下的过道或独立有顶的通道）、戏台、经幢、牌坊（一种门洞式的、纪念性的独特建筑物）、喷泉、雕塑（雕刻和塑造的总称）、华表（成对的立柱）等都属于建筑小品。它们具有体量小、造型丰富、功能多样、富有特色等特征。此类建筑物主要是为了烘托气氛、美化环境而建的，也起到割断空间和装饰主体建筑的作用。

四合院常见的影壁有三种：

第一种位于大门内侧，呈一字形，叫做一字影壁。

第二种是位于大门外面的影壁，这种影壁坐落在胡同对面，正对宅门，一般有两种形状，平面呈“一”字形的，叫一字影壁，平面成梯形的，称雁翅影壁。

第三种影壁，位于大门的东西两侧，与大门槽口成 **120** 度或 **135** 度夹角，平面呈八字形，称为反八字影壁或撇山影壁。

智能的呼唤
——智能建筑

可自由高效地利用最新发展的各种信息通信设备,具备更自动化的高度综合性管理功能的大楼。

——日本智能型大楼专家黑沼清

想必住在北向房子的人们都希望有一天自己家里也能透入阳光,而这个梦想也已经变成了现实。在巴西就有一栋这样的住宅,用一个建造工程师的话来说,这是一座相对公平的大厦,任何人在任何时段内的视野范围都是一样的。这就是2004年在巴西落成的世界第一座可旋转公寓。它让人们的“转筑”梦变成了事实。

这座可旋转的公寓从计划到落成,历经10年之久。大楼位于巴西南部大西洋海滨城市库里蒂巴市地势最高的巴洛埃维拉区的山坡上,是一幢圆柱形与立方体相咬合的建筑。大楼共有11层,每层楼的面积约300平方米。圆柱形部分是客厅、餐厅和卧室,相连的立方体是厨房、洗衣房、卫浴间等附属设施。

这幢建筑最值得一提的字眼就是“旋转”。据说,这座公寓每层楼都可以独自做360°旋转,当然这限于建筑的前半部,也就是圆柱形体部分。住宅的每层楼仅供给一户使用,用户可以根据语音来控制旋转的方向和旋转速率。旋转可以顺时针也可以逆时针,速度可以1小时、2小时或3小时一圈,出于安全考虑,目前限定最快速度为半小时一圈。据说,库里蒂巴人常看到这样的情景:这栋大楼有的楼层是向左转的,有的是向右转的,且旋转的速度也不同。可称得上是一个奇特的壮观景象,自然也不可避免地成为了库里蒂巴市的旅游景点之一。

据大楼的其中一个建造者——机械工程师霍尔曼说,旋转大楼的旋转原理并不复杂,正如右图所示,公寓仅 3#区域是旋转区;1#区是空心轴,内部布置了各种管线设备等;2#区是附属设施,辅助空间;4#区是室外设施部分,为固定区域。简单来说就是大楼围绕一个旋转轴,每一楼层被固定在轴上,内部安装带动转动的链条及动力装置,由轴转带动楼转。因为每一层面固定相对独立不连接,因此,各层都可以在互不影响的状态下自由运转。

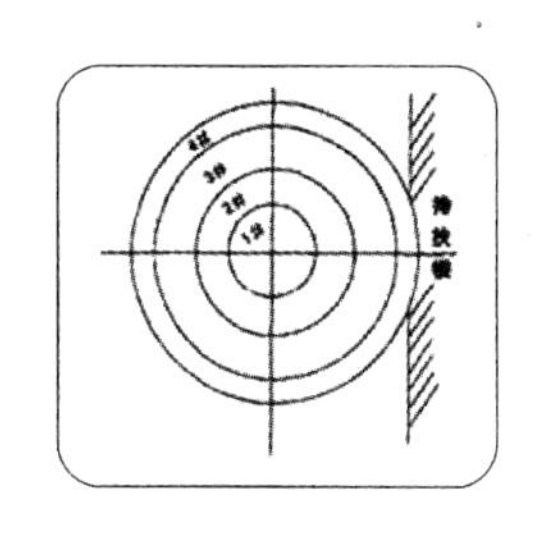

旋转公寓,是被我们称作智能建筑的一种。这不仅因为它可以旋转,还因其同时具备了世界上最先进的使用设备,例如,住户在进入屋内需要事先登入了自己的手指纹和相片,计算机通过对这些的识别来开关入屋的安全门。除此之外,用户还可以利用手机随时遥控安全门,对于室内的光线、温度和湿度都可以通过相对的方式进行调控。这样的房子贵也便是理所当然了,毕竟造价就已经超过了 400 万美元,这不是一个小数字,于是开发商将预售价格订在了 60 万美元/间。

或许我们有钱的时候也会希望拥有一间这样的住宅。

什么是智能建筑?上面讲到的旋转公寓就是智能建筑的一种。

智能建筑最早出现在美国一座建筑的宣传词中。关于智能建筑的定义很多,美国智能建筑学会认为,智能建筑就是通过对建筑物的 4 个基本要素,即结构、系统、服务和管理,以及它们之间的内在联系进行最优化设计,进而提供一个投资合理,具有高效、舒适、便利环境的建筑空间。日本智能大楼研究会也有相关定义,它认为智能建筑是具备信息通信、办公自动化信息服务以及楼宇自动化各项功能的、满足进行智力活动需要的建筑物……

其实,智能建筑的本质,就是为人提供一个优越的工作与生活环境,这种环境具有安全、舒适、便利、高效与灵活的特点。具体表现为:系统的高度集成、节能、节省运行维护的人工费用、安全舒适的便捷环境。可以用一个词形容,那就是自动化,通信、办公、楼宇管理、保卫工作、防火等自动化。

世界公认的第一幢智能大厦:

1984 年 1 月,美国康乃狄克州哈特福德市,将一幢旧金融大厦进行改建,定名为“都市办公大楼”。楼内的空调、电梯、照明、防盗等设备采用计算机控制,并采用计算机网络技术为客户提供文字处理、电子邮件和情报数据等信息服务。

自然的回归
——绿色建筑

把社会及环境目标与房地产设计以及符合财务原则的方式相结合的绿色开发区。

——《绿色建筑》

INTERGER 绿色住宅样板屋是20世纪90年代末BRE和INTEGER等众多公司合作,结合可持续发展、智能科技及创意建筑的三大原则,在英国建筑研究院内建造的著名建筑。

INTERGER建筑为一幢三层木结构住宅,从利用地热和防火安全的方面考量,三间卧室设在底层,二楼为起居室,内分客厅、餐厅和厨房区,三楼为书房、活动室和热泵间。为增加空间视觉,三楼书房和活动室间内墙采用调光玻璃。

这座著名的智能绿色住宅示范建筑,其基础、地下室和墙板均为预制混凝土构件;外墙为装配式预制大板,外覆面为木板,中间用纸纤维保温;装配式木框架上部结构和整体浴室设备都在工厂制成,现场拼装。国外用木材作为建筑用料,是有计划种植和采伐的可再生资源。此建筑使用的纸纤维保温板也是由可循环使用的旧报纸制成，纸纤维保温板无毒、无害，是理想的节能环保型保温隔热材料。大量的废旧报纸和纸张，经工厂加工将废纸打碎成棉絮状物质，加入阻燃剂，机械压实，切割成190毫米厚的板材。

建筑物围护结构达到英国建筑节能设计最新标准（外墙K值为0.3，屋面0.16，楼板0.45，窗采用LOW-E双玻）。外窗设有可遥控的百叶窗，室内门窗上部还设有可调节风口。该建筑坡屋顶面采用玻璃幕墙架空封闭，其顶面开设天窗和安装两个太阳能热水装置，两端天沟设置雨水集中管，并通过中间水循环管道再生利用。其底部设有一层可开启银白色隔热遮阳绝缘层。

此外，屋内设置的家用电器也是由制造商提供的节能产品，如冰箱保温层用真空保温技术，排油烟机用电可根据烟气排放量自行调节，洗碗器可程控至电费半价时间区运行，浴缸水位、温度可自动调控。

屋面种植草皮是此建筑的另一特色，建筑屋面种植了适合当地气候的低矮植物。这种植物耐旱、抗寒，不必人工专门伺弄，种植在建筑物屋面，既保温隔热，又经济实用。

智能绿色住宅突出的一点，是在房屋南面的太阳房。太阳房利用坡屋面，将建筑的整个南面包容在内，其立面设计有外门供人出入。屋面部分有太阳能光伏采集装置，为室内采暖和采光提供能源；中间部分为室内采光提供照明，又可以在伦敦多雨的季节提供“室外”活动空间。这里还种植了多种花木，除四季观赏外，还为人们提供有湿度调节作用的舒适环境。

太阳房在冬季为居住其间的人们提供“户外”活动的同时，还有保温作用，等于建筑物又多了一层外保温；在夏季，还可避免太阳直晒，在太阳房上设置的智能型遮阳帘，可根据阳光的强弱自动调节遮阳幅度，节省采暖及制冷能耗。

据测算，该示范建筑，可比传统节能建筑节能50%，节水1/3，其太阳能热水装置可提供60%供热需求。

提到“绿色”，人们很容易联想到环保、节能、健康、效率等，也就是说，“绿色”一词已经有了它约定俗成的含义。绿色建筑设计理念可包括以下几个方面：节约能源、节约资源、回归自然。

绿色建筑的基本内涵可归纳为:减轻建筑对环境的负荷,即节约能源及资源;提供安全、健康、舒适性良好的生活空间;与自然环境亲和,做到人及建筑与环境的和谐共处、永续发展。通俗一点说,所谓绿色建筑,就是资源有效利用的建筑,简单地说就是一要通风换气;二要做绿化;三要尽量用绿色资源和可循环再生资源。

其实,绿色住宅是环保、节能、可持续发展、高科技应用、崇尚健康自然的生活,是以住宅的物质、技术层面为依托的精神层面,绝不是几块绿地、几簇花丛、一池碧水所能全部代表的。一般而言,绿色建筑也可称作生态可持续性建筑,即在不损害基本生态环境的前提下,使建筑空间环境得以长时期满足人类健康地从事社会和经济活动的需要。绿色建筑不仅与减少能源消耗有关,同时还涉及减少淡水消耗、降低材料及资源使用、减少废物、提高空气及灯光质量、处理及保留雨水用以补充地下水、恢复自然环境、减少依赖汽车等等的同类问题。绿色建筑包含社会及文化意识,同时可改善楼宇用户的生活质量及工作环境。

LEED:Leadership in Energy and Environmental Design,简称 LEED。它是由美国绿色建筑委员会(USGBC)倡议的。这个指南是一个综合的设计方法,涉及水资源保护、节能、再生能源、材料选用以及室内环境质量的潜在功能。符合 LEED 要求的建筑物可获得 LEED 认证并有资格获得信用贷款。

迷宫般的卡帕多西亚
——地上和地下建筑

这让我们大吃一惊，我还记得灼人烈日的强光下，最棒的风景在我们眼前流动！

——法国耶稣会学者耶发尼昂

它是欧亚大陆的一块灵异珍宝，是自然与人工的完美结合，它就是被称作“石柱森林”或者“神仙烟囱”的卡帕多西亚。卡帕多西亚这个名字早已消失在土耳其地图上，只有在《圣经》里才可以看得到，而在古波斯语里“Katpatuka”是“纯种马之国”的意思，听说当时的卡帕多西亚人用马匹作为祭品。

卡帕多西亚是一片 4 000 平方公里的土地，地处土耳其首都安卡拉东南约 300 公里的安纳托利亚高原。三座远古时代的活火山喷发出来的岩浆和岩灰，在冷却、钙化后形成一层凝灰岩，经过年复一年风霜雪雨的侵蚀，才出现了今天奇特的地形地貌，听说去过卡帕多西亚的人就像上到月球一样惊叹。

迷宫般的卡帕多西亚分地上和地下建筑两部分。最有名的要数格雷梅国家公园和卡帕多西亚石窟群，早在 1985 年就被列入了联合国教科文组织“世界遗产名录”。

这里的村庄，住户很少，一个村落大约也就三四十户人家，村屋就是一个个石柱，村民在建造居室的时候将石柱拦腰掏空，从内部结构看来颇似中国的窑洞。他们在柱壁上凿出洞口充当门和窗，并将室内的地面和屋顶布设了地板和彩绘。村落外面的石柱大多都是已经有了百年历史的教堂或修道院，1907 年法国的传教士将基督带到了这里，给了当地人只为了上帝而活的信念。为了坚守自己的信仰，他们开始在尖岩上建造教堂，所以在这里我们至少可以找得到 1 000 座小教堂，几乎每一块小尖岩都是一座小的教堂，修道士们很巧妙地将岩锥掏空，内部的

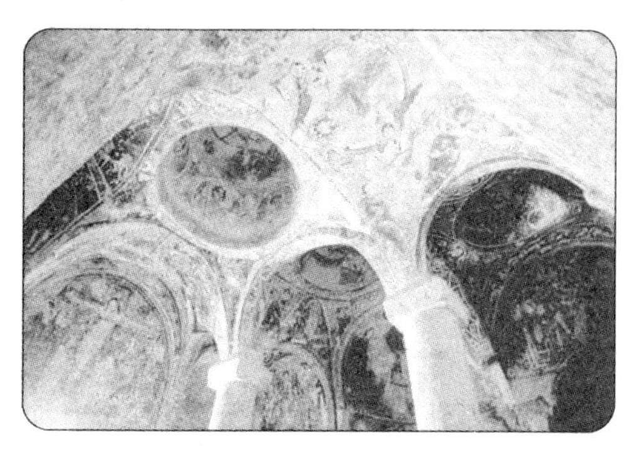

建造跟村屋不同，是很典型的教堂建筑，有着穹顶、圆柱和拱门。他们将圣经故事、民间传说以壁画的形式，刻在岩洞的四壁和屋顶，这些壁画如今已经成为拜占庭艺术重要的组成部分。因为洞口开在柱壁上，大多都要通过铁梯或是崎岖的石阶小道才能上去。

卡帕多西亚的另外一绝就是它立体式的地下城，卡帕多西亚从公元3世纪以来就被罗马帝国统治，直至4世纪罗马分成东西罗马后，卡帕多西亚被划分到东罗马拜占庭帝国。但是不久拜占庭帝国进入与东方的波斯萨萨尼王朝长期争斗的时代，为此靠近边境的卡帕多西亚经常成为激烈的战场。到了公元7世纪，以阿拉伯人为主的伊斯兰军代替了波斯攻打卡帕多西亚，村民们想起了修道士们挖掘的洞窟，并在此基础上修建了地下城市，和山岩上的洞穴一样，作为战争时期的藏身之所。

迄今为止，已经有36个地下城被发掘，属卡伊马克彻和代林库尤的地下城市规模最大。地下城的入口非常隐蔽，多处在镇上各处房屋的下面。地下城一般有8层，底层是地下水库；首层是卧室、厨房、餐厅、葡萄酒酒窖、墓地和马厩；以上是教堂；第三层、第四层是洗礼堂、教会学校、会议室、避难所和军械库；每层间用楼梯连接，这些地下城足以容纳上万人居住。所有的地下城都由地道连接，便于进出和逃亡。

地上建筑经常可见，现在重点来说说地下建筑。单从概念上看，地下建筑顾名思义就是建造在地层中的建筑物。一般是指建于土层中，并且无法直接自然采光照明的建筑。工具书中解释，此类建筑以建造于地下的洞室和隧道作为主体工程，除了通向地面的出入口外，周围均受地层包围。美国联邦紧急事务处理局指出，“广义上说，地下建筑的泥土直接覆盖建筑部分包括屋顶应至少超过整栋建筑的50%”。

从功能上，地下建筑可分为民用建筑（包括居住建筑、公共建筑）、军用建筑

（如射击工事、观察工事、掩蔽工事等）、各种民用防空工程、工业建筑、交通和通信建筑、仓库建筑，以及各种地下公用设施（如地下自来水厂、固体或液体废物处理厂、管线廊道等）。如果几种功能兼备，这类大型地下建筑称为地下综合体。

地下建筑设计要求有：1. 选择工程地质和水文地质条件良好的地方；2. 保证必要的防护能力；3. 创造适宜的内部环境；4. 为结构设计和施工创造有利条件。

一座伟大的建筑物，按我的看法，必须从无可量度的状况开始，当它被设计着的时候必须通过所有可以量度的手法，最后又一定是无可量度的。建筑房屋的唯一途径，也就是使建筑物呈现眼前的唯一途径，是通过可量度的手法。你必须服从自然法则。一定量的砖，施工方法以及工程技术均在必须之列。到最后，建筑物成了生活的一部分，它发出不可量度的气质，焕发出活生生的精神。

——路易·康

伦敦水晶宫
——“钢”“铁”是这样炼就的

At Rotten Row around a tree / With Albert's help did Mr P / His stately pleasure dome design / The greatest greenhouse ever seen / A glass cathedral on the green / Beside the crystal Serpentine.

——《海德公园》

被世界公认为“第一个现代建筑”的水晶宫，位于伦敦海德公园内，是英国工业革命时期的代表性建筑之一，也是第一次国际博览会举办地。

当时，为了建造一座既可以容纳瓷器类的小型对象，也可容纳体积庞大的生产机器的建筑物，也为了炫耀大英帝国在工业革命中的成功，英国皇室开始向世界征集建筑设计方案。可是收到的所有设计方案都太局限于传统建筑材料的使用，在传统建筑构造方式中不可自拔，245 件参赛作品件件如此。眼看着博览会节节逼近，就在所有人都束手无策准备接受命运的时候，英国园艺师约瑟夫·帕克斯顿按照当时建造的植物园温室和铁路站棚的构造，提出了一个应急的设计预案，没想到这一方案正中了维多利亚女王及其丈夫阿尔伯特公爵的下怀。他们不仅采用了他的设计，更是让这个名不见经传的园艺师摇身一变成为了皇家骑士。

设计师约瑟夫

后人因为该建筑的大部分结构为铁制，外墙和屋面都是玻璃面，整个建筑就像水晶一般通透、宽敞而明亮，像极了莎士比亚笔下《仲夏夜之梦》的情景，于是博览会建筑有了另一个别称——“水晶宫”。

水晶宫会馆建筑面积约 7.4 万平方米，馆长 546 米(1 851 英尺)，恰好是水晶宫建馆的年分，馆宽 124 米。建筑共 3 层，立面呈阶梯状。在短短 9 个月的时间就完成了建筑，却用去了铸铁柱子3 300根，铸铁或锻铁的架梁2 224根，9.3万平方米的玻璃。大概园艺师出身的约瑟夫·帕克斯顿势必更懂得自然对于建筑的重要性，像一个超大的客厅般的水晶宫，尽管体格庞大，却没有给四周的树木带来任何的影响。遗憾的是，1936年11月30日晚上的一场大火，让水晶宫变得面目全非，仅剩下些许扭曲的金属和融化的玻璃残片，这一切也宣告了辉煌的维多利亚时代的结束。

关于究竟是哪一位中国人最早登上这个水晶般的宫殿，却是另有一段趣闻。据说《欧美环游记》的作者并不是最早来到这里的中国人。在博览会举办的当日，就已经有了一名中国人进入了这里，他是中国的一位船长，因为恰巧船只停泊在英国港口，他得知了这场世界级的博览会，便身着华服前往，并向维多利亚女王送上了中国人的致意，因为女王没有邀请当时的清政府参加，女王便让他作为中国使节加入了大使的队伍。当然依当时的信息速度，大清王朝肯定是不可得知的，所以到了同治年间才有使者出访到此，这就是大使张德彝。虽说水晶宫是功能简单的公共建筑，但在建筑史上却有着举足轻重的意义。它引导建筑发展步入一个全新的殿堂，除了建筑美学上的新认识，更重要的是它低造价、高工效的构造和新材料、新技术的运用都同时在水晶宫上得到了体现，使得建筑材料和建筑构造学科上升到了一个新的纪元。作为公共建筑，在设计上除了需要满足功能要求外，还应满足人们心理、视觉上的要求，起到改善和美化环境的作用。

建筑材料是建筑学科中的一个分支学科，是土木工程和建筑工程中使用材料

的统称，可以分为结构材料、围护和隔绝材料、装饰材料和其他功能的专用材料。每种材料都有着自己独特的特性，钢、铁和玻璃都是建筑材料之一，细分下来属于结构材料，当然某些特殊的玻璃是为了装饰或是给建筑带来特殊效果使用的，也可以说是装饰材料。设计师在做设计时必须了解相关的建材知识，比如材料的稳定性、耐久性、抗腐蚀性等，只有熟悉才懂得应用。

房屋建筑是由若干个大小不等的室内空间组合而成的，围成这一空间的实体就是建筑的构件。建筑构造恰恰就是研究建筑物中各建筑构件的组成原理和方案的学科，同样也是建筑学大学科体系之一。从建筑结构体系来分，基本可分为：木结构、砖混结构、筒体结构、大跨度结构建筑等。

公共建筑中的几个面积：

有效面积：建筑平面中可供使用的面积

使用面积：有效面积减去交通面积

结构面积：建筑平面中结构所占的面积

建筑面积：有效面积加上结构面积

居住单元盒子
——色彩建筑

以玉做六器，以礼天地四方，以苍璧礼天，以黄琮礼地，以青圭礼东方，以赤璋礼南方，以白琥礼西方，以玄璜礼北方，皆有性币，各放其玉之色。

——《周礼》

1945年，二战的硝烟在欧洲大地上渐渐散去，留下的是大片废墟和等待重建的都市。此时，摆在欧洲政府面前最紧迫的任务，就是解决民众的住屋问题。为此，法国战后重建部长邀请了著名的建筑设计师勒·柯布西耶，为法国设计一座大型居住公寓。这就是被设计者称之为“居住单元盒子”的马赛公寓。

马赛公寓是第一个全部用预制混凝土外墙板覆面的建筑。按当时的尺度标准，它应该算是巨大的，建筑呈矩形，长165米，高56米，宽24米，透过支柱层将上层建筑架起，架空层是一个大小为3.5×2.47英亩面积的花园。据说这是受瑞士古代的一种住宅的启发，那种小棚屋通过支柱架在水上。

公寓是东西朝向的，架空层用来停车和通风，还设有入口、电梯厅和管理员房间。大楼共有18层，由23种不同类型的建筑单元组成，可供给377户不同结构的家庭使用，极大限度地提高了居民选择的自由度，且容纳人数达1 700人之多。此外，从功能上，柯布西耶还将小区的概念融入了公寓中，在第七、八层布置了各式商店，如水果店、蔬菜店、洗衣店等，满足居民的各种需求，幼儿园和托儿所设在顶楼，通过坡道可到达屋顶花园。屋顶还设有小游泳池、儿童游戏场地、跑道、健身房、日光浴室等运动服务设施——被勒·柯布西耶称为“室外家具”——如混凝土桌子、人造小山、花架、通风井、室外楼梯、开放的剧院和电影院，所

有一切与周围景色恰到好处地融合在一起。

人都是喜欢群居却又不能放弃独立空间的，柯布西耶很了解这一点，于是有了这座跃层，即每一户的室内都有楼梯将上下两层空间连成一体，貌似现在的跃层建筑或是小复式户型。起居厅两层通高达到4.8米高，3.66×4.80米大块玻璃窗，满足了观景的开阔视野，每个单元的前后还配备了彩色的双阳台可以供户主随心所欲安排。

马赛公寓从整体来说是一个简洁的立方体，外墙完全是用当时相对廉价的钢筋混凝土材料，在建造的过程中并没有加以打磨处理，完全地将材料的质感表现在外。这种直接表现清水混凝土的手法，就是当时推出的"野性主义"建筑风格。公寓的室内也重复着立面的风格，略为凸起的卵石饰面、拉毛材料的顶棚、粗面混凝土饰面的立柱、色彩大胆强烈的家具，在一楼门厅处墙上挂着柯布西耶的几幅设计作品，包括著名的萨伏伊别墅等。马赛公寓是柯布西耶在机器美学上的完美应用。现在的马赛公寓，不仅是一个密集型住宅，还是一个缅怀、纪念大师的场所。

色彩总是会唤醒人性中的某些神经，彩色的双阳台给人们留下的印象不仅是视觉上的冲击，更是观念上的更新。它把人们从战后乏味的生活中解救出来，让人们在工作之余还能体会到小区生活的乐趣。

人的眼睛在处于满足的平衡状态下才会最放松。有一个故事是这样的，在英国的伦敦，曾有一个黑色的菲里埃大桥，不知道是什么原因每年在这里跳桥自杀的人不计其数，终于有个医学博士提议将大桥的颜色从黑色变成蓝色，听起来似乎是一个很奇怪的想法，但当年跳桥自杀的人数真的有所减少。这就是色彩的力量了。

建筑色彩确实可以影响人的情绪。色彩被建筑师当作建筑设计中一个很重要的因素，在设计中被巧妙地应用，其暗示作用被充分发挥。森佩尔说，"涂料是最微妙、最无形的衣服。"这一点都不假。建筑形式和结构给了建筑物轮廓，而建筑色彩却给了建筑外衣，这样的外衣让建筑变得更加丰富。因为建筑色彩的运用是非常灵活的，它不仅仅局限于表面的着色，它根据建筑师对色彩理解和认知的不同而不同。

建筑设计在色彩考虑中要注意的因素有:1. 与建筑环境颜色的协调性;2. 符合建筑要求的功能性,民用建筑和公用建筑不同而不同;3. 对建筑造型采用有利的色彩,浅色的扩张、深色的厚重等;4. 色彩的民族性与建筑的地域性相配;5. 合理的运用光效。

家装色彩小常识:

房间由上至下颜色由浅入深;房间根据朝向不同选择不同颜色,一般原则是房间朝东浅暖色、朝南冷色、朝西深冷色、朝北暖色且浅色度;根据房间的用途选择颜色,如餐厅一般为深暗色,厨房总适用于浅亮色等;房间的形状也是颜色选择的一个方面。

蜘蛛网的启迪
——悬索结构的产生

这是集大和民族精神、日本建筑传统和高新科技于一体的经典作品。

——安藤忠雄对代代木体育馆的评价

可以肯定的是，奥运会不仅是体育精神的完美体现，而且成就了一批世界顶级的建筑。代代木国立综合体育馆就是其中之一，它被称为20世纪世界最美的建筑之一，是日本东京1964年奥运会的主场馆，第18届奥林匹克运动会就在这里举行。

体育馆位于东京代代木公园内，由主馆游泳馆和副馆球类馆构成，占地面积约91公顷。二战时，这里是日本军队的练兵场所，后来被美军占领，变成了住宅

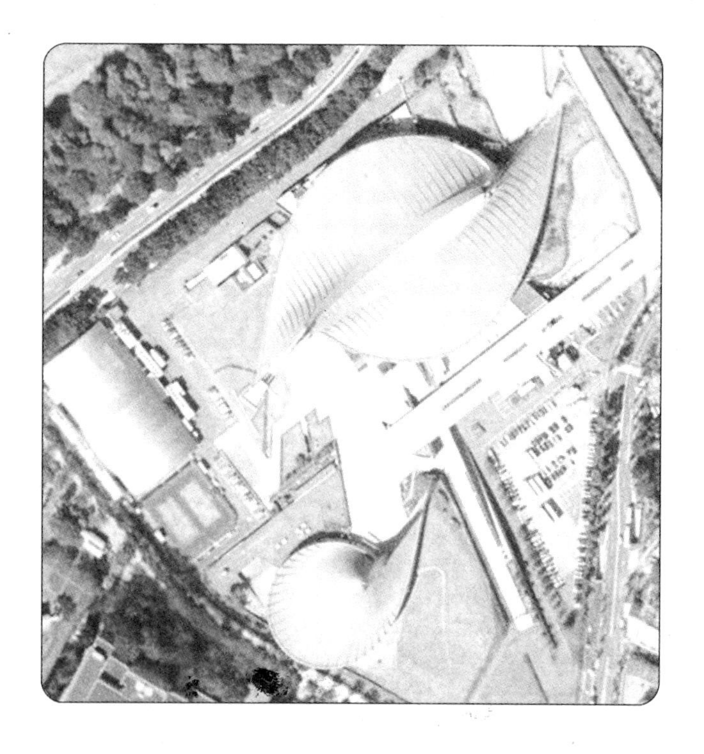

区，大概有 827 家美军家属住在这里，据说当时是严禁日本人入内的。直至 1961 年东京申奥成功，在长达 2 年的谈判后，美国终于将其归还给日本政府。

代代木原本是一个孤寂且荒芜的地方，因为有了代代木体育馆，它开始变得热闹、繁华，成为了年轻人常出没的地方。设计师藤冈说，欣赏代代木体育馆应该用和男朋友谈恋爱的心境，这样你会爱上这个没有任何日式纹样、装饰物和图形，却明确显示了日本精神的建筑。

这又是一个需要我们充分发挥想象力才能看懂的建筑。它完全是丹下健三这位第一个获得普立兹克建筑奖的亚洲建筑师对日本文化的独特诠释。鸟瞰整个体育馆，主馆像极了日本艺妓在旋转时飘逸的舞裙，而副馆则似被海浪打上暗礁的陀螺，飞起的裙角和海螺的角遥相呼应，这样特殊的造型给了我们很强的视觉冲击力。

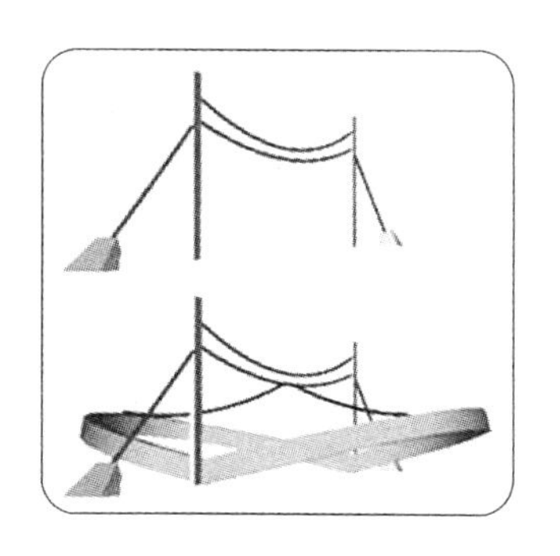

主馆像是挂在两根柱子间自然落下的钢索，钢索的两端被固定在地面上，然后有两个人分别把钢索向相反的方向拉开，形成一张张大的嘴巴。

副馆则更像是一个离开地面的圆环，圆环被一根绳索拉起，或许是因为圆环太大、绳索太长，副馆便由一根柱子作为支撑，剩下的绳索绕过柱子，固定在柱后不远的地上。这样很明显能够让人们感觉得到这建筑的张力和柔韧性。

实际上，两座馆都是采用了悬链形的钢屋面，屋面被悬挂在混凝土梁构成的角上，进而形成了我们所看到的体育馆。据说这样的结构设计是出自一个年仅 30 岁的结构工程师川口卫之手，丹下的这一举动是不是就是为了回避所谓的传统呢？好在川口卫没有让他失望，在没有任何借鉴物的情况下川口设计出了世界上第一个柔性悬索结构的体育馆。

这种建筑结构来自于蜘蛛织成的网的启示。它在很多领域都被广泛应用，例如军事中用到的防弹衣、渔民用来捕鱼的渔网、强力的钢丝床等等。

蛛丝的韧性和柔度犹如建筑材料中的钢丝绳、钢绞线等材料，这类材料因为具有极强的抗拉特性而被大量地应用到建筑结构工程中，成为悬索结构。而蜘蛛网便是自然界中最原始的悬索结构。

因为悬索结构中所有的连接件都是拉杆，也就是索（这是一种活动性较大的结构构件，其主要特性就是只能承受轴向拉力），所以从常规的结构构成原理角度来说，悬索结构一般属于几何不变的不稳定体系。但基于悬索结构可以充分发挥材料的抗拉强度,使结构具有自重轻、用钢省、跨度大的特点,所以它也被广泛运用到了体育馆、悬索桥等建筑中。

也因为索网的柔性,建筑师们可以在建筑造型、功能上有更多的发挥,悬索结构也成为了建筑师们的新宠。

目前,最典型的悬索结构主要有三种:单层悬索结构、双层悬索结构、预应力索网结构。

最早的悬索桥:

根据英国汉学家李约瑟的研究,世界上最早的悬索桥起源于中国。在《前汉书》中有记载,最早的悬索桥采用的是竹编索。据记载,四川灌县有一座长达344米的竹索桥,桥有8跨,最长的一跨有65.6米,用10根竹索连成。

最早的悬索结构屋面:

世界上最早的现代悬索屋面是美国于1953年建成的Raleigh体育馆,采用以两个斜放的抛物线拱为边缘构件的鞍形正交索网。

第二居所 villa
——别墅的由来

Work for living, not live to work.

——英国谚语

故事的起源要追溯到清光绪十二年(公元 1886 年),有一个名为李德里的 22 岁英国传教士来到庐山,他仅用了白银两百两就买下了牯岭一大片土地 99 年的使用权。这引来了来自英、美、法、俄等 15 个国家的人。或许是庐山独特的自然风光吸引了他们留恋于此,他们便在这里建造起了一幢幢风格迥异的石头屋,庐山也因此变得更有生气了。

我们要讲的中国第一别墅——美庐别墅,就在这里。它地处庐山东谷的黄金地段,是一幢典型的石木结构的英式别墅。别墅始建于 1903 年,由英国兰诺兹勋爵建造,后被来自英国的女传教士巴莉太太买下,因为这位传教士与宋美龄私交甚好,她在 1934 年将此处转赠与宋美龄,当然也有记载是宋美龄购得的。不过这些都大可不必追究,重要的是这里的新主人是宋美龄,从此它有了“美庐”之名。这个名字是蒋介石在即将离开这幢居住多年的别墅时所题的,后世流传着三种解释,一是美的庐山,二是美的房舍,三是宋美龄在庐山美丽的房子。想必其中的深意恐怕也只有蒋介石才能知晓了。

据说如今美庐上的门牌号码并非原来的那个,是宋美龄刻意叫人改过的,身为基督徒的宋美龄觉得 13 是个不吉利的数字,于是将其改为了 12B。美庐别墅分主楼和附楼两部分,主楼有上下两层。而今,一楼已变成陈列室,存放着他们的遗物,宋美龄弹过的德国钢琴、一些精装的英文书籍，还有3幅由她亲笔题画的《庐山溪流》图；楼上是办公室、会客室、卧室，当年的一些生活用品依旧保存于内，给了后人些许遐想的空间。附楼是在1934年增建的，与主楼由一条封闭的内廊连接，设有独立的功能用房，包括餐厅、侍卫室等。

从1933年到1948年，除了8年抗战，蒋介石每年都会上美庐避暑，因此这里记载了许多足堪入史的大事。例如：国共两党的第二次共同抗日的合作谈判，著名的《抗战宣言》；当时美国总统特使马歇尔、新任美国驻华大使司徒雷登与蒋介石在此磋商与中共和平谈判事宜等。可是蒋的一切也终于此，美庐并没有像风水大师所测的那样成其大事，或许真的是别墅后面阴气逼人的竹林影响了他的运势，在与周恩来一场不欢而散的谈判后，他失去了整个大陆。

原以为蒋介石走了，美庐的故事也该有个终结。没想到，伴随着浓重湖南口音的一句："蒋委员长，我来了！"美庐的故事再度拉开序幕。自1961年在庐山召开中央工作会议期间，到1970年中央九届二中全会期间，毛泽东三次下榻美庐别墅，又再度为这里增添了几分浓厚的政治色彩。美庐也因此成为中国唯一一栋国共两党最高领袖都住过的别墅。

不管怎样努力，宋美龄也没能保住蒋家王朝，但在她心里有个始终放不下的石头，那就是美庐。远在美国的她误听传言，以为美庐也是庐山出让的21所别墅之一，她焦虑地找蒋纬国商量，殊不知美庐已在国家的保护下完好无损，甚至在庐山申报世界遗产时，前来考察的联合国专家德·席尔瓦教授也对此感叹不已，认为这是他所见的为数不多的保护最好的别墅之一。这是不是也可以让宋美龄老

怀安慰了呢?

何谓别墅?别墅实则就是除原居第以外的另一个用来享受生活的居所,也可以说是第二居所,并不用于长期居住。因为别墅除了是建筑物外,更强调生活。

根据英国皇家园林学院和《世界建筑》的说法,别墅的选址应在远离喧嚣的市中心,但也不能过远,国外通常在离开市中心 1~1.5 小时车程(50~80 公里)的都市环内——高速公路旁 2~3 公里处,有专用的道路。此外别墅区的建筑密度和容积率相对较低,设计注重自然、人性化、因地制宜、结构简单和布局灵活。

别墅,英语名称是 villa,在国内最早的叫法是别业。按其所处的地理位置和功能的不同,可分为:临水(江、湖、海)别墅、山地别墅(包括森林别墅)、牧场(草原)别墅、庄园式别墅等。

英式别墅:其秉承了古典主义对称与和谐的原则,强调门廊的装饰性。主要采用砖木建筑结构;因为气候原因,英式别墅喜用三角形屋顶;窗户上下成对分割成多个小格;有古典的门廊,室内多采用木地板。其空间可灵活适用,充满了质朴的乡村气息。

华丽的转身
——螺旋型建筑

人们希望它与众不同，我也希望在技术上有独到的东西。

——圣地亚哥·卡拉特拉瓦

若不是亲眼所见你华丽的转身，又怎能了解卡拉特拉瓦的真实想法。那彷佛就是模仿人类躯体扭动而建成的一个人体雕塑，也让全人类都记住了有个地方叫做马尔摩。

它就是位于瑞典马尔摩海岸地区的HSB扭转大楼，这是一栋“特别”的住宅大厦，它的特别绝不是因为紧邻松德海峡。听到“扭转”二字，你总会有些许的想象。的确，大楼由9个不同的立方体叠加，从底层顺时针扭曲向上直至顶层，扭曲度达90度。因为这种独特的创意，在法国坎城举行的“世界房地产市场”颁奖典礼中，它一举获得了最佳住宅类大奖。

HSB扭转大楼落成于2005年8月，楼高190米，是北欧最高的建筑，全欧洲第二高建筑。据说在强风期，即便是站在楼顶，你也不会感觉到晃动。大楼底部的2个立方体作为商业办公空间，其上的7个立方体是居住空间。居住区域内有33种不同的户型，从1居室到5居室，最小的建筑面积有45平方米，最大的是230平方米，共152间住房。住在这栋大楼里的人，永远不用担心会有同样的户型出现在别人家里，你的家就是唯一。对于那些强调独一无二的人，特别是强调个性需求的人，这里无疑是你最好的选择。阳光从不同的角度照射到大楼的任一角落，或许你就是那个有机会在家里一览连接丹麦哥本哈根与瑞典马尔摩的松德跨海大桥的海景，欣赏这跨越国界的风景的人。

大楼的“特别”首先在其建筑结构的处理上，无论是旋转角度的变化，还是楼层高度的增加都是通过精确计算的；加之建造过程中HSB住宅合作社也提出了“为建筑解毒”的构想计划。兴建大楼的花费也随之增加，从前期预算的95 000万增至160 000万瑞士克朗，远远超出了预算，这也不得不迫使HSB住宅合作社改变扭转大楼作为公管公寓楼的初衷，转而将大部分公寓用于出租，据说最高的租金甚至达到了每月 3 000 欧元。或许是因为它的特别,或许是海滩得天独厚的自然优势,扭转大楼吸引了不少商家,大楼附近也陆续开设了不同规模的餐厅、商店和些许娱乐场所。

如今 HSB 扭转大楼已经成为这座城市的骄傲,它不仅吸引了不少海外游客慕名前来,更被建筑师们评为马尔摩市的地标建筑,而此类住宅大厦能成为地标的,在世界上并不常有。

人体除了给建筑带来灵感以外,建筑设计的过程也是一个考虑人体工程学的过程。

人体工程学,就是工效学,是探讨人们劳动和工作的效果和效能的规律性的学科。

第二次世界大战中,为了体现人—机—环境的协调关系,工效学被运用到战斗机的内舱设计中。此后,这一研究成功地迅速运用到了建筑、室内设计等。

建筑设计,可以运用人体测量、环境生理、环境心理等手法,研究人体结构功能、心理、力学等方面与建筑环境的和谐关系。建筑本身就是为人类服务的,所以建筑设计必须满足人身心活动的各种要求。

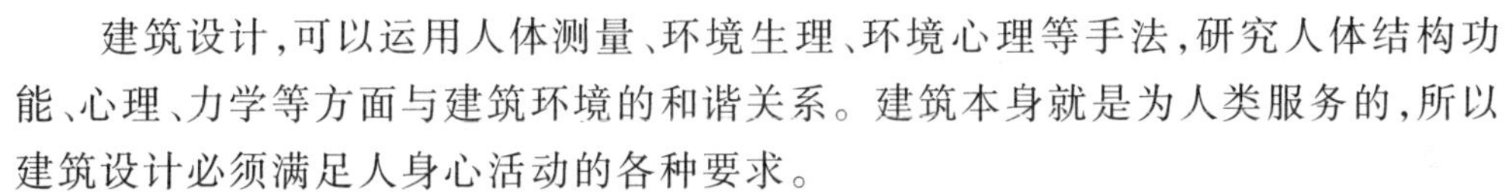

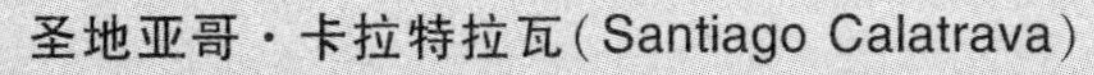

圣地亚哥·卡拉特拉瓦(Santiago Calatrava)

1951 年 **7** 月 **28** 日出生于西班牙瓦伦西亚的贝尼马米特,卡拉特拉瓦是从中世纪骑士的等级中传承下来的名字。他毕业于巴伦西亚 Escuela Tecnica Superior de Arquitectura 建筑与城市设计系,后获得瑞士苏黎世联邦工学院的结构工程博士学位,拥有建筑师和工程师的双重身份。因为作品的出乎意料,他被称作是建筑界最著名的创新建筑师之一,也是备受争议的建筑师。他以设计建造桥梁与艺术建筑闻名于世,注重结构和建筑美学的互动,常常以大自然作为其设计的灵感。

由他设计的建筑有:

2004 年雅典奥运会主场馆、里昂国际机场、里斯本车站、巴塞罗那聚光塔、巴伦西亚科学城、米尔沃基美术馆、毕尔巴鄂步行桥等等。

作为"面子"存在
——门式建筑

门将有限单元和无限空间联系起来,通过门,有界的和无界的相互交界,它们并非交界于墙壁这一死板的几何形式,而是交界于门这一可变的形式。

——德国哲学家:G.齐美尔

"门"源于甲骨文,是一个象形文字,即双扇为门。而"户"是一种单扇的门。

《释名》记载:"门,扪也,为扪幕障卫也;户,护也,所以谨护闭塞也。"早期的门只是为了防御外来的危害,是起保护作用的工具。随着社会的发展,门本身的意义变得不那么明显,取而代之的是宅邸主人家身份、财富的象征。

这很自然让我们想到中国的一个成语:门当户对。它是一种表示男女双方家庭财力、社会地位相当,很适合结亲的观念。其实,"门当"与"户对"原本是门建筑中的两种建筑装饰。所谓"门当",是因为在中国古代,民间百姓认为威严震耳的鼓声可以避邪,于是在大宅门前立起一对长方体的门枕石,阴刻成鼓形;"户对",即是置于门楣上或门楣两侧的砖雕、木雕,一般为漆金"寿"字门簪,是长约一尺的圆形短柱,它们平行于地面,与门楣垂直,必须以双数存在,一般两个是五到七品官员的宅邸,四个是一到四品官员的。之所以用短圆柱,是因为短圆柱代表民间生殖崇拜中重男丁的观念,意在祈求人气旺盛、香火永续,甚至有的地方把"户对"叫做"男根"。为了满足建筑学上和谐美学原理,"户对"与"门当"总是同时存在的。

封建王朝的中国,正如诗句"墙里秋千墙外道, 墙外行人墙里佳人笑"中所描述的一样,大户人家的小姐是足不出户的,而主人家中的钱财也是不爱外露的,所以等到要给儿女定亲时,他们就会暗中派人去对方家打探,主要就是看"门当"上雕刻着何样的纹饰,不同的图案代表着不同的家世,例如门当是镌刻花卉图案的石鼓,表明这是一户经商世家;若是石鼓素面没有花卉则说明这是官宦府第。此外,在中国古代大门建筑中,对宅府大门的讲究甚多,从门框的大小、门坎的高低、门钉的多少到门扇的颜色…… 都有严格的规定，一旦逾越甚至会招致杀生之祸。正可谓“天子诸侯台门，以此高为贵也”。

门式建筑，被人比作是一种理性与感情结合，一种城市空间与景观在视觉上的突破，一种人的创造物与自然的交流。

从建筑“门”到门式建筑，作为分割空间形式存在的门有了诸多变化。此时的门式建筑，已经不再是传统意义上的门，但它模仿门的外形，汲取了门的内涵。世界上第一个门式建筑，就是有着“云中牧女”之称的巴黎埃菲尔铁塔，它预示着巴黎现代主义时代的来临。巴黎的另一座门式建筑，是位于巴黎市轴心线香榭丽舍大街中心的凯旋门，虽然它是仿罗马的君士坦丁凯旋门设计建造，却比其要大两三倍。

在西方这样具有社会意义的大门很多，比如：印度的陶然，日本的鸟居、川崎玛丽安，古埃及的牌楼门等等。

中国是一个对门建筑极为讲究的国家，古代就已经是房有房门、堂有堂门、院有院门、宅有宅门、寺有寺门、宫有宫门、城有城门，这些不同的门起着控制室内

外、屋内外、院内外、宅内外以致坊内外、城内外等多层次空间的“通”与“隔”的作用。而在火车站、码头、机场、国家政府行政办公建筑的大门，旨在表现门“禁要、关键”的含义。位于南京中山陵的诸多门式建筑，如牌坊一样，是有纪念意义的建筑。

午门是紫禁城的正门，位于紫禁城南北轴线上。其建成于明永乐十八年(1420年)，清顺治四年(1647年)重修，嘉庆六年(1801年)再度重修。此门居中向阳，位当子午，故名午门。其前有端门、天安门(皇城正门，明朝称承天门)、大清门(明朝称大明门)，其后有太和门(明朝称奉天门，后改称皇极门，清朝改今名)。各门之内，两侧排列整齐的廊庑。这种以门庑围成广场、层层递进的布局形式是受中国古代“五门三朝”制度的影响，有利于突出皇宫建筑威严肃穆的特点。

"钩心斗角"
——飞出来的屋檐

覆压三百余里,隔离天日。骊山北构而西折,直走咸阳。二川溶溶,流入宫墙。五步一楼,十步一阁;廊腰缦回,檐牙高啄;各报地势,钩心斗角。

——《阿房宫赋》

"钩心斗角"是一个什么样的词?字典里的解释是用以形容用尽心机、明争暗斗的复杂心绪。其实做谓语也罢、定语也罢,原本它只是中国建筑结构中的一个术语而已,用来形容屋顶建筑构件的相互接触、纵横交错的檐角形态。追溯它最早的出处,应该就是唐朝诗人杜牧为了借秦始皇大修宫室而导致亡国来讽刺晚唐的腐败而作的《阿房宫赋》。其中,"心"指的是宫室房屋建筑的中心部位,"斗"理所当然是碰撞、接触的意思,"角"就是房屋的檐角。

去过曲阜孔庙的人,无一例外,导游都会向你介绍何谓"钩心"、何谓"斗角",当然还有"冷板凳"、"明雕暗刻"等。说来"钩心斗角"其实就是一种建筑形态的巧合,最初建筑师们只是为了保护康熙帝在孔庙中题词的石碑,专门盖建了护碑亭。因为石碑重达60吨,且位置已经被选定,工匠们只得在狭小的空间里建造碑亭,以巧补拙。门庭屋檐的一角不小心伸进了亭子双屋檐的两个夹角中间,于是这种节约空间的构筑被后人称为"钩心",而门庭另一个角正好与亭子的一个角相对,其被取名为"斗角"。

飞檐是中国传统建筑檐部的一种形式,特指屋角中向上翘起的那部分,似有一种飞身冲天之势。这种建筑形式从汉朝开始兴起,常被用到庙宇、宫廷、亭、台、楼、阁等建筑和建筑小品中。

支撑着屋檐的叫斗拱,这是中国独特的建筑语言。它密布于屋檐和平坐回廊下,造型别致,层层递进叠加,向外挑出。可以说是最艺术和最有技术性的构件。这种构件迄今已有3 000多年的历史,目前对斗拱的起源有三种说法:一种认为由井干结构的交叉出头处变化而成;一种认为由穿出柱外的挑梁变化而成;一种认为由擎檐柱演化为托挑梁的斜撑,再演化成斗拱。

和许多装饰性构件一样，斗拱也是应实际结构需要而产生的，其作用就是连接柱顶、额枋和屋檐或构架，目的是增加柱头和梁枋间的受力面。在宋朝《营造法式》中这种构造件被称为铺作，到了清朝才被《工程做法》改作斗科，通称斗拱，其中斗就是斗形木垫块，拱实则是弓形短木。除了增加受力面这一方面，斗拱也起到了传递梁负载的作用。一直到明清后，斗拱的这一作用才逐渐退化，完全成了柱网和屋顶构架间的装饰构件。

斗拱的分类：

按使用部位分，它可以分为内檐斗拱、外檐斗拱、平座斗拱。

外檐斗拱又可分为柱头科斗拱（用于柱头位置上的斗拱）、角科斗拱（用于殿堂角上的斗拱）和平身科斗拱。

鸱尾
——屋脊上的吻兽

越在巳地,其位蛇也,故南大门上有木蛇,北向示越属于吴也。

——《吴越春秋》

都知道龙生九子,九个儿子各有不同,但都不成龙。其实九子也并不是真的就有九个儿子,说“九”只是为了表示很多。在中国文化里,九是一个显贵的数字,代表了至高无上的地位,于是世人便用以描述龙生九子。关于龙的九子传说很多,官方的说法是李东阳《怀麓堂集》中记载的:“龙生九子不成龙,各有所好。囚牛,平生好音乐,今胡琴头上刻兽是其遗像;睚眦(音同牙字),平生好杀,今刀柄上龙吞口是其遗像;嘲风,平生好险,今殿角走兽是其遗像;蒲牢,平生好鸣,今钟上兽钮是其遗像;狻猊(音同酸尼),平生好坐,今佛座狮子是其遗像;霸下,平生好负重,今碑座兽是其遗像;狴犴(音同毕案),平生好讼,今狱门上狮子头是其遗像;赑屃(音同毕戏),平生好文,今碑两旁文龙是其遗像;鸱尾,平生好吞,今殿脊兽头是其遗像。”

鸱尾,是传说中龙子之一,至于是第几个就无从考证了。鸱尾外形很像是剪掉尾巴的四脚蛇,可是它究竟是鸟类还是鱼类,到目前为止还没有一个确切的说法。它被戏称为好望,意为喜欢四处眺望,因为这位龙子总是站在最高最险要的地方东张西望。它还有很多的名字,如螭吻、鸱吻、龙尾、龙吻、蚩尾、蚩吻、祠吻或吞脊兽,名字的变化也正是它在建筑中的形态变化,从“尾”到“吻”的演变。

在屋脊上的吻兽不仅是一种建筑装饰,更是古建筑中不可或缺的元素。

据考证,在北朝时的佛教石窟中,人们就找到了有关鸱尾的雕刻,在屋脊两端呈现角状,尾巴翘起看似鸟的羽翼。古文中还有这样的描述:“虬尾上指,背后无鳍,身体无雕饰。”这应该是鸱尾最早的形象。直至晚唐,又名为鸱吻的大口才显现出来,因为鸱其口润喉粗、有吞火降雨的本领,于是,建造者将其刻在了屋脊之上,期望可以避免火灾。但“吻”只能出现在宫殿、寺庙类皇家建筑中,老百姓的房屋之上只可以用“尾”,实则鸱吻只是为了加固屋脊的端头而已。同期,鸱吻上

还多生出了一个丁字形的附件——抢铁。发展到明清时期,抢铁变成了宝剑,传闻这是神功妙济真君许逊为了驱除妖魔鬼怪而留下的,也有传闻说是为了避免鸱吻擅离职守所以用剑定住它使其不能腾飞。诸如此类的传闻很多,可是其真正原因只是出于对鸱吻的保护而已。

正吻是清朝对鸱吻的另一种叫法,因为它处于屋脊中正脊的两端而得名。正吻的安装在清朝是一件大事,要通过仪式才能进行。《工程做法则例》中有记载:“遣官一人,祭吻于琉璃窑;并遣官四人,于正阳门、太清门、午门、太和门祭告;文官四品以上,武官三品以上及科道官排班迎吻;各坛庙等工迎吻。”

中国古代的屋顶可以说是“大屋顶”,不仅大而且重,此外出于功能方面的考虑,必须在木屋顶上加以重物才能防止来自外部力量(比如台风等)的影响。中国古代屋顶的式样很多,常见的有硬山顶、庑殿顶、悬山顶、歇山顶、卷棚顶、攒尖顶。最高级的屋顶是重檐庑殿顶和重檐歇山顶。故宫的太和殿就是重檐庑殿顶,而天坛的祈年殿、皇干殿都是单檐庑殿顶,这是一种五脊四坡式屋顶,由一条正脊和四条垂脊构成,所以又被称作五脊殿、四阿顶。正脊的两端与垂脊交接处加以龙装饰,龙口含住正脊,因此被称作“正吻”也是鸱吻。

此后是歇山顶，歇山顶实际只是庑殿顶的一种变形，它将庑殿顶的五脊增加至九脊，同时，在四坡屋面的左右两面增加了一小段山墙，这样九脊就包括一条正脊、上部四条垂脊，四角与垂脊间有四条戗脊。寺庙官衙多用此。

悬山顶和硬山顶是只用于民间建筑的常见的屋顶形式。悬山顶因有利于防雨，在南方民居中被广泛使用，北方因防风火则多硬山顶。从等级上硬山顶更低于悬山顶。

小跑：屋角小兽，称为小跑。它们的实际作用是保护瓦钉的钉帽，后来被赋予了装饰和等级作用。唐宋时，屋角的位置上只有1枚兽头，以后逐渐增加了2~8枚蹲兽。清朝规定屋角是仙人骑凤，之后依次为龙、凤、狮子、天马、海马、狻猊、押鱼、獬豸、斗牛、行什。走兽的多寡与建筑规模和等级有关，数目必须是1、3、5、7、9、11这些单数。中国建筑中只有太和殿用满了10枚走兽（不记仙人），其他建筑必须少于此数。这些生动的装饰品是中国建筑装饰的一大特点。

碉楼与村落
——土和石的完美结合

依山居止，垒石为屋，高者至十余丈。

——《后汉书西南夷传》

前往中国西南的四川，就能见到一种独特的民居——它叫做碉楼。那是一种在城市生活的人很少见到的建筑，用大大的石头砌筑，凝聚了藏羌民族人民的智慧和文化。

传说在很久以前，妖魔被魔兵追赶到了临近阿坝州一个叫芦花的地方，村民们不断受到妖魔的侵袭，于是，村里叫“柯基”和“格波”的两兄弟，决定用石头修砌一座高大的石碉楼来镇妖除魔。可是这修筑之力哪里能赶得上妖魔的袭击，兄弟俩在慌忙之中将石碉砌成一座碉身倾斜的石碉楼，当地方言称石碉为“笼”，称倾斜为“垮”。于是人们便称这座修斜了的石碉为“笼垮”，将石碉所在的地方，称为“柯基笼坝”，意思是指修建有石碉“笼”的坝子。

据说，那些妖怪专门摄取男童灵魂。为了抵御妖魔，保佑孩子成长，谁家生了男孩，便要修筑高碉。孩子每长一岁，高碉就要加修一层，而且要打炼一坨毛铁。孩子长到18岁的时候，碉楼修到了18层，毛铁也打炼成了钢刀，此时将钢刀赐予男孩做成人礼物，鼓励他勇敢战斗，克敌降妖。所以，凡有男孩的家庭必须修一座碉楼，此风延续下来，丹巴便逐渐成了“千碉之国”。丹巴县岳扎半山上的碉楼最为震撼。在极其原始的条件下，当地居民竟然在孤崖上建了一个长宽各5米，高约40米的碉楼。在丹巴县梭坡乡的蒲格里，矗立着一座十三角碉，这里是十三战神的故乡。相传蒲格里寨的女寨主，想拥有一座与别处不同的石碉，但苦于没有理想的设计而迟迟没有动工。后来女寨主在织衣绕线时，用插在地上的几根树枝，无意中缠绕出了十三角形。她觉得这种造型非常美观，于是命令工匠按照这个图形建造石碉，果然在墨尔多神山下，建成了十三角碉，成为女寨主终生的荣耀。

丹巴的碉楼都有自己的名字和性别，性别是透过木梁的位置来区别，女性碉楼的木梁露在外面，时间长了会发黑，所以女性碉楼的楼身上有一道一道的黑色痕迹，而男性碉楼的木梁在内部，不外露，所以没有痕迹。

碉楼大致可以分为两大类：一类是以石块砌成的石碉，另一类是用黏土夯筑而成的土碉。碉楼外形美观，墙体坚实，大多与民居寨楼相依相连，也有单独建立于平地、山谷之中的。古碉平面呈方形，上窄下宽，顶是平的。一般为高状方柱体：有四角、五角到八角，少数达十三角。高度一般不低于 10 米，多在 30 米左右，高者可达 50～60 米。

在城市，碉房布局合理，造型完整，装饰富丽。一般三层，最高五层，用石做墙，木头做柱，上用方木铺排做椽。楼层铺木板，下层当库房，二、三层住人，并设有经堂。四周围墙，中间庭院，墙厚，旧时可当碉堡打仗或防御之用。窗户朝庭院开，院外用小窗窄门，便于挡风。楼顶平台可以晾晒东西，或散步、观光。

乡间和山区的碉房，一般依山而建，多为三层：一层关栏牲畜，二层当卧室、厨房和储藏室，三层设经堂。平顶用来晾晒谷物，屋顶插经幡。房屋旁一般有转经筒，室内一般都供有神龛、经书，通常不用床铺和桌椅，睡卧和坐都在垫子上。

碉楼由羌族专门的砌石匠修建，原料为乱石，用泥土黏合，不吊线，不绘图，全凭经验，信手砌成。古碉的建筑年代多为唐朝至清朝，规模宏大，类型多样，建筑技艺高超，具有极高的美学、社会学、历史学、民族文化学价值。

中国民居：

黄河中上游的窑洞；广东、福建的客家土楼；游牧民族的蒙古包；傣家竹楼；土家吊脚楼；土家合体居屋；以黟县西递、宏村为代表的皖南徽派民居，已于 2000 年列入“世界遗产名录”；开平碉楼，于 2007 年 6 月，被联合国教科文组织评为世界文化遗产等。

“大南门城上的垛口，矮一截”——女儿墙的故事

淮水东边旧时月，夜深还过女墙来。

——刘禹锡《石头城》

关于女儿墙的故事很多，有传闻说是因为古时候一个老工匠在屋顶修筑时，跟随身边的幼女不慎从屋顶坠楼身亡，老工匠甚是伤心，于是将屋顶砌筑了一圈矮墙来避免有同样的不幸再度发生。但这个故事显然根据不足，古时的屋檐何曾有过平顶，除非城楼类建筑？

于是，就有了另一段关于女儿墙的历史。话说萨尔浒之役后，老罕王努尔哈赤势力大增，随之便将都城由赫图阿拉迁到了辽阳，取名为东京。定都3年后，又迁都沈阳，同时下诏扩建新城。新城根据“周易八卦”布局，城门从原来的4个增加至8个，每座城门上建一座城楼，共需修建651个垛口。但至死，努尔哈赤也未能看见他的宏伟城楼，其子皇太极为了完成父王的心愿，继续新城的修建。

一日，皇太极来到裙楼视察工程进度，怎料得在刚修好的德胜门城楼上，60个垛口都比其他7个城门上的垛口矮了一截，有两寸之多。皇太极大怒，勒令严查。于是，一出木兰代父从军的故事浮出了水面。

事情是这样的，老罕王大概是眼见着自己在位时不能看到新城建成，便下令在城中新增壮丁加快修建进度，城中但凡是男子无论老幼，都要被抓去修建城楼。城南一户扈姓的人家，父女相依为命，年迈的父亲已是60高龄且长年卧病在床，扈巧又是村里出名的孝顺姑娘，征丁通告传到了扈家，家里必须要出一名男丁去修城，父女俩抱头痛哭。眼看着自己形同枯槁的父亲，巧女暗下决定，自己代替父亲去修葺城楼，次日，她便乔装打扮去了招丁处，自称是扈家之子，被安排修葺德胜门城楼的垛口。

女子终归是女子，无论是身形、体态还是神情都难免柔弱。扈巧终日跟一群男子在一起工作、生活，行为自然引起了不少人的注意，特别是到了晚上她只能是裹衣而眠，还时常哭泣。这一系列的举动不免被监工看在眼里，为了证实自己的

想法,监工头特意留意了巧儿擦汗时的样子,发现事实上她并没有喉结,于是监工上报了总监。事情很快传到了皇太极的耳朵里。奇怪的是,皇太极并没有因此而责罚扈巧,反倒是大大赞赏了对她的孝行。尽管如此,根据周易布置的城楼,突然出现了女子的修葺,在当时被看作是一件不吉利的事情。于是,皇太极下令,将德胜门的60个垛口顶上都去掉一层砖,并取名女儿墙。

女儿墙的传说还有很多,还有说跟义和团“红灯照”有关,但真正的起源我们已不得而知了……

女儿墙在古代被称作女墙,因为古代女子地位低微,不得随意走出家门,于是人们便仿照女子“睥睨”的形态在城墙上筑起一段凹凸有致的墙垛。这一点在《辞源》和《营造法式》中都有体现。《释名释宫室》有云:“城上垣,曰睥睨,……亦曰女墙,言其卑小比之于城。”后来女儿墙演变成一种建筑专用术语,特指房屋外墙高出屋面的矮墙。

从建筑形式上讲,女儿墙是处理屋面与外墙形状的一种衔接方式,也可被称作压檐墙。主要是针对人上屋面而建造的防护用墙,与栏杆的作用无异,为了避免人们上到屋面俯瞰时发生危险。

女儿墙的高度在建筑规范中是有严格规定的,一般多层建筑的女儿墙高1.0~1.20米,但高层建筑则至少1.20米,通常高过胸肩甚至高过头部,达1.50~1.80米。当然除了实墙外,目前女儿墙已经有了很多种做法。

城墙:

古语有云:“高筑墙,广积粮,缓称王。”城墙就是为抵御外敌侵略而建的防御性设施。从广义上来说,城墙有两种,一是长城的主体构成部分,一是城市防卫建筑。狭义看来,它就是一个城池的分界线,墙内为城内,墙外称城外。城墙多为砖石结构,也有用土建造的。主要构成部分有:墙体、城楼、城门、角楼、垛口、女墙等。中国保存最完整的城墙是西安的古城墙。

第四篇

建筑人文

西方建筑宝典
——维特鲁威的《建筑十书》

建筑是由许多种科学产生的一门学科，各门学问的发展丰富了它的内容；建筑科学有助于对其他技术成果的应用做出评价……

——维特鲁威

所有熟悉和不熟悉达·芬奇的人应该都知道他的名画——《维特鲁威人》，这幅素描画作完美地体现了人体的对称美以及人体结构的某些规律性，是公认的最著名的作品之一。那么你知道为什么这幅画要叫做“维特鲁威人”吗？那是因为达·芬奇在整幅画中所体现的比例的概念都来自于罗马的一位大建筑师——他就是维特鲁威（Marcus Vitruvius Pollio）。

因为年代久远，所留下数据稀少，人们对于维特鲁威的了解并不算多。迄今为止可以知道的是，马可·维特鲁威是公元1世纪初罗马的一位工程师，大约生于公元前80年或前70年，他应该出生于罗马的一个富裕家庭，从小就受到良好的文化和工程技术方面的教育，这让他能够直接阅读希腊语写成的有关文献。他学识渊博，从建筑、机械到几何、天文、物理、哲学、音乐、美术都有涉猎。他曾经在凯撒的军队中服役，当军队驻扎在西班牙和高卢时，他担任了军中的工程师一职，负责制作攻城的机械。当凯撒去世后，他继续为新的统治者屋大维服务，担任他的建筑师和工程师，并由国王直接授予养老金。

唯一由他亲自记载的建筑作品是法诺镇的会堂，不过这座建筑物早已经在历史的尘嚣中消失了。当时罗马帝国派驻不列颠岛的总督还曾经提到维特鲁威为连接管道设计了管径标准，不过这个消息也无法证实。但是对后人来说，这都不重要了，重要的是他留下了一本书。

这本书叫《建筑十书》，它是西方迄今为止发现的唯一一部古代建筑著作。起初这本书是维特鲁威献给罗马皇帝屋大维的作品，用拉丁文写成，不过没多久原稿就遗失了，只有手抄本流传了下来。1414年，该书的手抄本第一次在瑞士的修道院中被人文学家波焦·布拉乔利尼发现，1486年该书在罗马重新出版，1520

年被翻译成意大利语、法语、英语等数种语言广为流传，成为了文艺复兴时期研究古罗马建筑遗迹的重要参考文献。考古学家和建筑师们往往依靠这本书对古罗马遗迹进行实地研究和修复，还有更多的人借由此书开始学习建筑知识，投入到建筑研究中来。

从文艺复兴时期到巴洛克时期，再到新古典主义时期乃至今日，《建筑十书》都是当之无愧的经典。而对于第一个总结出了建筑原理，写下这本《建筑十书》的维特鲁威来说，他更是值得我们永远铭记的第一建筑师。

《建筑十书》是现存最古老，也最有影响力的建筑学专著。全书共分十卷，分别为：第一卷，建筑师的教育，城市规划与建筑设计的基本原理；第二卷，建筑材料；第三、四卷，庙宇和柱式；第五卷，其他公共建筑物；第六卷，住宅；第七卷，室内装修及壁画；第八卷，供水工程；第九卷，天文学、日晷和水钟；第十卷，机械学和各种机械。

在《建筑十书》中，维特鲁威主张一切建筑都应该“坚固、方便、美观、匀称”，建筑构图要遵循古希腊建筑的柱式及其组合法则，把理性的美和现实生活的美结合起来。《建筑十书》总结了古希腊和早期罗马建筑的实践经验，建立了城市规划和建筑设计的基本原理，奠定了欧洲建筑科学的基本体系。

遗憾的是，维特鲁威刻意忽略了罗马建筑中卷拱技术，而且对柱式和一般的比例原则规定得太过苛刻，妨碍了其发展。

维特鲁威代表作：

罗马城的供水工程

意大利法诺城的一所巴西利卡（长方形会堂）（Basilica Domus）

第一位伟大的建筑艺术爱好者——阿尔伯蒂

我所称之为建筑师的人，从完美的艺术与技巧的角度来说，是通过思考与发明，既能够设计，也能够实施的人；是对于（建筑）工作过程中的所有部分都了如指掌的人；是通过对巨大重物的移动，对体量的叠加与连结，能够创造出与人的心灵相贯通的伟大的美的人。

——阿尔伯蒂

1404年，阿尔伯蒂（Leon Battista Alberti）出生于意大利的佛罗伦萨，他先后学习了拉丁语、古典修辞学和哲学，又在波隆那大学学习过数学、法律等学科，大学期间，他就做了大量关于古希腊和古罗马建筑的研究。1431年，他出任了教皇的秘书，并得以作为教廷的文职人员对古罗马的建筑废墟进行了考察，这让他对古罗马建筑有了更深的了解，而他也因此成为了当时唯一一个能看懂《建筑十书》的人。

后来，阿尔伯蒂创作了《论建筑》一书，这本书成为了西方近代第一部建筑理论著作，是意大利文艺复兴时期最重要的建筑学理论著作。书中第一次将建筑的艺术和技术作为两个相关的门类加以论述，为建筑学确立了完整的概念，是建筑学在认知上的一次飞跃。

在16世纪的意大利，里米尼在成为教皇领地之前，一直是由马拉泰斯塔（Malatesta）家族统治着。马拉泰斯塔家族在当时是个臭名远扬的家族，因行为放荡而受人诟病，甚至连他们家族的名字Malatesta，在意大利语中的原意就是“头脑坏掉”的意思，

其家族的个性可见一斑。这个家族因残酷和暴行而闻名,他们之所以能成为里米尼的领主,正是因为身为教皇派手下的他们屠杀了对立的贵族派家族的重要成员,血腥上位的历史让他们成为了很多人厌恶与害怕的权贵。

但同时,这个家族却又是文艺复兴时期著名的文艺庇护者。马拉泰斯塔家族在艺术方面有着独特的见解和鉴赏力,他们资助了大量的文艺创作,为文艺复兴时期的艺术繁荣做出了不可磨灭的贡献。1417 年,西吉斯蒙多·马拉泰斯塔继承了里米尼的领主权,成为了这个家族最著名的统治者。有人说他是个骁勇善战的战士,但当时的教皇庇护二世却认为"他是文艺复兴时代最恶劣的僭主之一,对神对人都毫无敬畏"。不论他到底是怎么样的人,有一点可以确定的是,他对于艺术的热爱和鉴赏力,绝对不亚于他的前辈们。许多的人文学者和艺术家们,都是在他的宫廷中获得了发展的机会。

1447 年,西吉斯蒙多·马拉泰斯塔为了讨好自己的情人,找到了阿尔伯蒂,让他将中世纪的圣弗朗西斯科教堂改建。阿尔伯蒂对这座教堂进行了彻底的改造,他套用了君士坦丁凯旋门的形式,但将原来在凯旋门中起承重作用的柱子化为了退到墙体中的扶壁柱,柱子原有的物理功能则被摒弃了。这是第一次在基督教教堂中使用凯旋门的结构,不仅如此,整座教堂里还充满了异教徒的象征,教堂里精致的浮雕刻画了酒神节后狂欢的景象。这些特质让当时的教皇气愤异常,谴责它是"魔鬼崇拜者的殿堂",并焚烧了马拉泰斯塔的肖像,并判定他下地狱。

然而,教皇的怒火并不能否定马拉泰斯塔教堂的价值。这座风格奇特的教堂是第一次真正意义上的文艺复兴式风格建筑,尽管马拉泰斯塔家族已经消失在历史的烟云中,这座教堂却仍将接受千秋万世的朝拜。

有人说,阿尔伯蒂的出现"意味着建筑师已经不再是中世纪那种专门与砖石打交道的工匠师傅,他的工作不再仅凭代代沿袭的经验和惯例,还要靠人文主义的知识装备"。作为第一个真正将文艺复兴建筑的营造提高到理论高度的建筑师,阿尔伯蒂的理论影响了整个建筑史。

阿尔伯蒂的建筑理论都记载在他的著作《论建筑》中,这本书是文艺复兴时期第一部完整的建筑理论著作。此书从文艺复兴人文主义者的角度,讨论了建筑的可能性,并对当时流行的古典建筑的比例、柱式以及城市规划理论和经验进行了总结。阿尔伯蒂认为,应该根据欧几里得的数学原理,在圆形、方形等基本集合体制上,进行合乎比例的重新组合,以找到建筑中美的黄金分割。

阿尔伯蒂代表作:

公元 1446 ~ 1451 年　佛罗伦萨的鲁奇兰府邸(Palazzo Rucellai)

公元 1472 ~ 1494 年　曼图亚的圣安德烈教堂(St. Andrea's Cathedral)

曼图亚的圣塞巴斯主教堂(St. Sebastiano Cathedral)

不可逾越的巅峰
——米开朗基罗

完美不是一个小细节;但注重细节可以成就完美。

——米开朗基罗

每一天,无数的信徒们来到梵蒂冈,朝拜他们心中的圣地,但每一天,还有更多不是教徒的人来到这里,朝拜不朽的艺术大师们,他们是米开朗基罗、拉斐尔、达·芬奇和贝尼尼。而一个不能不去朝拜的地方,就是由米开朗基罗(Michelangelo Bounaroti)建造的全世界最大的天主教堂——圣彼得大教堂。

1475年3月6日,米开朗基罗出生在佛罗伦萨附近卡普莱斯的一个银行世家,不过在他父亲那一辈,他们已经失去了自己的银行,他的父亲当时是当地的市长和另外一个小镇的司法管理员。出生几个月后,他们全家就搬回了佛罗伦斯。没多久,米开朗基罗的母亲过世了,他的父亲只好将他放到了Settignano镇上自己的小农场里,交由一位石匠的妻子哺育。

在石匠家庭中的生活,让米开朗基罗很早就接触到了雕刻和建筑,这也许就已经注定了米开朗基罗一生的足迹,正如米开朗基罗自己所说:"如果我有着一些优点,那是因为我出生在阿雷佐奇妙的气氛下,和我的奶妈一起,并学会了熟练地运用槌子和凿子将我所描绘的图刻下。"再长大一点,米开朗基罗的倾向性表现得就更明显了,他不愿意学习文法,而宁愿去教堂里绘画,为此,他的父亲将他送到了画家基尔兰达的工作室学习绘画。1489年,佛罗伦萨的统治者,著名的美第奇家族,叫基尔兰达推荐他两位优秀学生,基尔兰达便将米开朗基罗推荐了上去。从此,米开朗基罗开始了为美第奇家族工作的生涯。

1546年,教皇特地指派米开朗基罗继续建造罗马圣彼得大教堂。圣彼得大教堂是在圣彼得的墓地上建造起来的,以圣徒圣彼得而得名。圣彼得大教堂始建于尼古拉五世教皇时期,但直到教皇尤利亚二世时期才开始大肆兴建。当时的教皇决定兴建一所有史以来最伟大的教堂,于是找到了建筑师伯拉孟特来兴建此座教堂,直到伯拉孟特去世,教堂还没有完成,于是拉斐尔接替了他的工作,继续兴建,但他的工作很快就被宗教改革运动所打断,不了了之。

米开朗基罗接受了教皇的委派,成为了圣彼得大教堂的建筑师。这时候的他,已经是71岁高龄的老人了,经过多番思虑,出于对建筑的热爱才让他下定决心接受这份工作。而接受工作之时,他还提了一个条件,那就是他不要任何报酬,因为他不知道自己还能不能在有生之年完成这份工作。就这样,怀抱着"要使古西腊和罗马建筑黯然失色"的理想,米开朗基罗开始了他人生中最雄伟的工程,而这一工作,便是16年。

1564年,这位87岁的老人不幸去世,留下了还未竣工的教堂。1590年,他所设计的教堂穹顶由G.波尔塔实施完成,此后,按照米开朗基罗的设计方案,经过了帕达、维尼奥拉、玛丹纳等几代人的努力,这座有史以来最大的教堂,终于在1626年完工了。

圣彼得大教堂的建成象征着文艺复兴运动达到了最高潮。这座将教堂建筑艺术的精华集于一身的大教堂,以它无比的雄伟和美感吸引着全世界的目光,也印证着米开朗基罗出色的建筑才华。

身为文艺复兴时期最伟大的艺术巨匠，文艺复兴的三杰之一，米开朗基罗在艺术上的成就众人皆知。

天才般的米开朗基罗，学习了之前的一切建筑风格，古希腊建筑、古罗马建筑，然后，他创造了属于自己的经典——手法主义的建筑风格。所谓手法主义，是指一种追求怪异和不寻常效果，比如以变形和不协调的方式来表现空间，以夸张的细长比例表现人物等的建筑手法。手法主义以达到目的为设计标准，而不在乎是否合乎标准。

米开朗基罗的建筑设计将雕塑的概念展现得淋漓尽致，体现了建筑作为视觉与空间设计产品的艺术内涵，以及与其他视觉艺术之间互动的共生关系。可以说，米开朗基罗的建筑反映了文艺复兴时代建筑作为独立学科的萌芽与发展，而他所开创的手法主义，也成为了巴洛克艺术的先声。

米开朗基罗建筑代表作：

公元1520～1534年　美第奇家族陵墓（Cappelle Medicee）

公元1506年重建　意大利罗马圣彼得大教堂（St. Peter's Basilica）

巴洛克艺术的独裁者
——济安·劳伦佐·贝尼尼

一个艺术家想要成功必须具备三个条件:一是极早地看到美,并抓住它,二是工作勤奋,三是经常得到精确的指教。

——济安·劳伦佐·贝尼尼

有人说,意大利雕刻家彼特罗·贝尼尼最伟大的贡献,就是生下并培养了17世纪最伟大的雕刻家和建筑大师——济安·劳伦佐·贝尼尼(Giovanni Lorenzo Bernini)。小贝尼尼继承了父亲的雕刻事业,并以其天才的创造力超越了父亲,发展出了一种全新的艺术形式——巴洛克建筑艺术,成为了当时唯一能与米开朗基罗齐名的建筑大师。

1598年,小贝尼尼出生在那不勒斯的一个佛罗伦萨家族。从他懂事开始,他父亲就将所有的雕刻技巧都传授给了他。1605年,贝尼尼全家搬迁到了罗马,在罗马,贝尼尼幸运地得到了自由参观梵蒂冈艺术宝库的准许,从此,他也和宗教艺术结下了不解之缘。从这时起,贝尼尼开始专心地研究古希腊雕像,在拉斐尔和米开朗基罗的作品中徜徉,他开始领略到大师之美,真正地踏入了艺术的殿堂。

贝尼尼就这样与宗教结缘。8岁那年,他的一尊大理石雕刻作品就打动了一位红衣主教;11岁时,他因其《芒西格诺·乔万尼·巴堤斯培·桑拖尼》的半身雕像,得到了教皇的接见。在教皇面前,他轻松地画出了一幅圣保罗的素描,让教皇大为赞叹,并亲自将他托付给了一位艺术爱好者——红衣主教马菲欧·巴贝里尼。

在这之后,贝尼尼的创作基本上没有脱离宗教的范围。1624年,贝尼尼受邀对梵蒂冈的圣彼得大教堂进行增建和更改。他从门廊的木制房梁上取走400吨的铜制涂层,在圣彼得教堂的祭坛上方,加上了一个铜制华盖,这个金色华盖有29米高,镶嵌着巨大的玻璃,庄严恢弘,细节的设计达到了登峰造极的地步,堪称是其巴洛克艺术的代表之作。

在华盖即将完工之时,他接受了教皇乌尔班二世的任命,又修建了圣彼得教堂前的广场和柱廊。贝尼尼怀抱着他"巴洛克比喻"的设想,决心建造出一个宏大、明亮的广场，让每一个来到此地的人，从周围狭窄的环境中走出来时，都有豁然开朗的感觉。于是，他设计了一座椭圆形广场，两边是环抱着的大理石柱廊，每根石柱顶端都有一尊大理石雕像，据说都是当年的殉道者。

可惜的是，到了20世纪，墨索里尼为了庆祝意大利政府和梵蒂冈在《拉特兰条约》下的和解，在广场的正面开辟出了一条宽阔的大路，破坏了贝尼尼“对比”的艺术构想。作品虽然遭到破坏，但贝尼尼作品中那强烈的人文主义气质，所包含着对尊严、理想和美好生活的不息追求却永不会过去。

教堂内的青铜华盖

贝尼尼被称为“巴洛克之父”。巴洛克一词最早是起于对其作品风格的表述，后才延伸为一种独特的建筑艺术形式。

贝尼尼将建筑、绘画和雕刻融为一体，对整体和细节都进行了详细而精巧的设计与创作，比如在教堂的建筑中，他就对内部的祭坛、烛台等都进行了独特的设计。他在风格上追求华丽繁复的外表，以不对称、不协调的波浪造型及强烈的色彩凸显出一种怪异、变形的效果。他的作品强调感官享受，充满着激越动感的节奏，突破了当时古典主义建筑和谐宁静的风格，极大地开拓和丰富了艺术的表现力。

作为一个天才的艺术家，贝尼尼在其作品中除了体现出巴洛克艺术具有的综合性、豪华性、装饰性和戏剧性之外，还更深地蕴涵着对人性的肯定和赞美，而这也正是他超越了其他巴洛克艺术家的原因所在。

贝尼尼代表作：

始建于公元1630年　意大利罗马巴贝里尼宫（Palazzo Barberini）

建于公元1650年　意大利蒙地卡罗皇宫（Palazzo Ludovisi）

建于公元1664年　意大利罗马基奇宫（Palazzo Chigi）

完成于公元1818年　意大利罗马圣安德鲁教堂（St. Andrea al Quirinal）

城市之父
——雷恩爵士

我们解释一个奇迹的时候,不必害怕奇迹失踪。

——克里斯托夫·雷恩

他是出色的数学家、天文学家、行政官、皇家科学院主席,而他也是有史以来最出色的建筑师,他就是克里斯托夫·雷恩爵士(Christopher Wren)。

1632年,雷恩出生于一个宗教世家,他的父亲是温莎的副主教。良好的家庭背景给了他学习的好机会,他先后就读于威斯敏斯特学院和牛津华德汉学院,在天文、物理和绘画上都有着极高的造诣。而之后,他更是因重建了伦敦的圣保罗大教堂而闻名于世,被尊称为"城市之父"。

1666年,整个伦敦正陷于黑死病的威胁之中,瘟疫中的人们还不知道,新的灾难即将来到。9月2日,因为面包师约翰·法里诺的粗心大意,位于布丁巷的国王御用面包房着火了。可是,当人们通知在睡梦中的市长时,这个迷迷糊糊的长官竟然漠然地宣称:“找个女人撒泡尿就能把火浇灭了。”结果,由于他的疏忽和强烈的风势,火势迅速蔓延,等大火烧到河边堆放易燃物品的仓库时,火势已经再也无法控制了。4 天之后,大火才得到控制,但这场大火已经吞噬了伦敦城 4/5 的街道和建筑,1.3 万幢房屋被夷为平地,76 座教堂被毁,唯一值得庆幸的是只有 9 人葬身火海。

10 月 1 日,雷恩爵士提出了伦敦灾后的修复方案,但却被批判为不切实际而未能被采纳。但因为他出色的建筑才能,他还是被选为了灾后复兴委员会的要员,负责重建了其中的 51 座教堂,并参与重建了皇家的肯辛顿宫、汉普顿宫、皇家交易所、格林威治天文台、纪念碑等。而其中最重要的建筑,便是圣保罗大教堂。

在这之前,圣保罗大教堂已经几经火灾,但都由英国皇帝下令重建。1675 年,当时的英国皇帝查理二世也下令雷恩爵士重新设计建造圣保罗大教堂。直到 35 年后的 1710 年,整座教堂才全部完成,此时,查理二世早已去世,而雷恩爵士也已经是 90 高龄的老人了。

雷恩爵士将教堂设计成了中世纪典型的拉丁十字形平面,高 108 米,全部由精确的几何图形组成,布局对称,雄伟而优雅。穹顶有内外两层,这适当地减轻了结构重量。正门的柱廊分为两层,四周的墙用双壁柱均匀划分,每个开间和其中的窗子都处理成同一式样,使建筑物显得完整、严谨,是英国古典主义建筑的代表作。今天的圣保罗大教堂,被视为火焰中飞舞的凤凰再度升起的地方,更是英国人民的精神支柱。

建成之后,教堂成为了查尔斯王子和黛安娜王妃的婚礼举办地,也是英国女王伊丽莎白二世 80 岁生日宴会的举办地,而它的建造者雷恩爵士,也静静地躺在这耗费了他半生精力的地方。

总体而言,雷恩爵士的建筑风格受了两方面的影响:

古典风格。雷恩在很早的时候就阅读了公元 1 世纪古罗马建筑师维特鲁威的著作《建筑十书》,以及文艺复兴时期的思想家维尼奥拉的理论,这让他对古罗马建筑产生了深厚的兴趣，一直渴望能设计一座类似古罗马的建筑物。1663年，雷恩特地去了罗马参观古建筑，尽管大部分的建筑都已经是废墟了，但雷恩也能从这些废墟中重现当年建筑的结构蓝图。对雷恩影响极大的还有英国建筑师鼻祖伊尼哥·琼斯，这位古典风格的代表者使得雷恩毫不犹豫地投身于古典风格。

巴洛克建筑风格。雷恩曾经前往巴黎研究法国巴洛克建筑，并会见了意大利巴洛克建筑大师贝尼尼。而在自己的建筑设计中，他也大量运用了巴洛克风格。

克里斯托夫·雷恩代表作：

公元1696～1715年　英国格林尼治医院(Greenwich Hospital)

公元1670～1683年　英国伦敦圣玛丽勒布教堂(St. Mary Le Bow)

公元1671～1681年　英国伦敦圣尼古拉斯科尔修道院(St. Nicholas Cole Abbey)

公元1672～1687年　英国伦敦圣司提布鲁克教堂(St. Stephen's Walbrook)

公元1680年　英国伦敦圣克利门蒂丹尼斯教堂(St. Clement Danes)

曲线属于上帝
——安东尼奥·高第

创作就是回归自然。

笔直的线条是邪恶和不道德的。

——安东尼奥·高第

提到巴塞罗那,很多人会想到哥伦布、塞万提斯、毕加索和达利,不过,现在有一个更响亮的名字常被提起,他就是安东尼奥·高第。

这位被称为“魔术师”的建筑师,堪称巴塞罗那建筑史上最前卫、最疯狂的艺术家。他的作品拒绝了所有直线的形式,而以各式各样的圆形、双曲形和螺旋形加以呈现,他的设计融合了东方伊斯兰风格、现代主义、自然主义等诸多元素,被称为“高第化”建筑。但正是这种无法被复制的设计风格,使他赢得了无数人的赞叹与崇拜。他的建筑作品中,17处被列为国家级文物,3处入选联合国教科文组织的《世界遗产名录》。

高第注定了是为建筑而生的。就在他出生前不久,国王刚刚签署了全面改造巴塞罗那的政令,当地的富豪们纷纷投入到建筑的热潮中,建筑师成为了最吃香的职业。在这样的环境下,高第从小就渴望成为一名建筑师,而在他长大以后,他得以顺利地进入了建筑学校学习。

高第的才华在学校就已经表露无遗。他热衷于观察大自然中的事物,这也许和他小时候就患有风湿病有关,疾病的困扰让他无法出去参与同年龄孩子的游

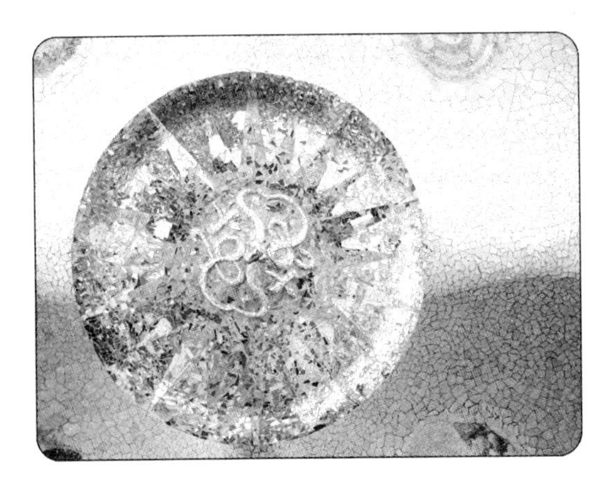

戏,他只能静静地待在家中,这让他学会了用眼睛去仔细地观察事物。他将大自然中的景色置于他的画笔之下,使得他的画作呈现出与众不同的别致魅力。学生时期他就开始参与建筑物的建造,独立设计了许多部分。毕业那年,他交出了自己的毕业作品——大学礼堂,另类的设计风格引起了老师们的巨大争议,但最终他们还是通过了他的设计。颁发完毕业证书,学校校长感叹道:"真不知道我把毕业证书发给了一位天才还是一个疯子!"

毕业之后,高第结识了他生命中一个重要的人物——欧塞维奥·古埃尔。古埃尔敏锐地发现了高第天才的设计才华,并成为了他的保护者和扶植者,在高第的建筑作品中,相当多的作品都是由古埃尔投资修建的,比如让高第一举成名的古埃尔住宅,还有高第4座经典设计之一的古埃尔公园。

古埃尔公园是一个开放式的空间,所有的石阶、石柱和座椅都用碎马赛克拼贴,色彩绚烂夺目,彷佛令人置身于童话世界。建筑延续了高第一贯的曲线风格,尤其是著名的躺椅,以各式各样的曲线创造出丰富的视觉感受。无论是瓷砖碎片、玻璃碎片还是石块,都在高第的手下散发出了华丽的神采。

1926年,高第不幸被电车撞死,留下了他耗费12年时间也没有完成的最后一项建筑——圣家族大教堂。这座高第心血的结晶,至今还在漫长的建设中,谁也不知道还需要多长时间才能完成。

世界上有无数的建筑师,但唯有他的手法是无法复制的。高第的建筑作品融合了东方伊斯兰风格、现代主义、自然主义等诸多元素,创造出近乎怪诞的独特风格。他的建筑风格很难被归类,但有两点却是公认,那就是自然和曲线。

高第曾说过:"艺术必须出自于大自然,因为大自然已为人们创造出最独特的美丽的造型。"他喜爱使用陶瓷和天然石料,模仿大自然中的生物进行设计,灿烂缤纷的西班牙瓷砖被设计成各种样子,散发出独特的高第色彩。

同时,对高第来说,曲线才是建筑艺术中最美丽的线条,"直线属于人类,曲线属于上帝"。他创造出各种流动的线条,蜿蜒起伏,营造出空间的流泻与灵动感。

高第不但能够结合传统与时代建筑风格,更可贵的是,他能够加入自己的独特创造,在技术上做大胆的突破,运用独特而精彩的装饰,将每一个细节都描绘得独一无二。无论是建材还是型式,无论是门窗还是墙壁,都无法找到一处相同的地方。

安东尼奥·高第代表作:

建于公元 **1883~1888** 年　西班牙巴塞罗那文生之家(Casa Vicens)
建于公元 **1884~1887** 年　西班牙巴塞罗那古埃尔住宅(Finca Guell)
建于公元 **1884~1926** 年　西班牙巴塞罗那圣家堂(Sagrada Família)
建于公元 **1886~1889** 年　西班牙巴塞罗那古埃尔宫(Palau Guell)
建于公元 **1900~1914** 年　西班牙巴塞罗那古埃尔公园(Park Guell)

舍方就圆
——维克多·霍塔

我走在巴黎的大街上，参观着纪念馆和博物馆，它们拓宽了我的艺术灵魂。学校对建筑的关心甚于对纪念馆的探索让我疲倦，对纪念馆解密的热情从未离开过我。

——维克多·霍塔

比利时新艺术活动的奠基者非维克多·霍塔（Victor Horta）莫属。霍塔出身于根特的一个制鞋匠家庭，12 岁那年，在帮叔叔修理东西的时候，霍塔就对建筑表现出了先天的浓厚兴趣，这让他很快就找到了自己一生的事业。优良的禀赋更需要肥沃的土壤来滋养，长大的他来到了根特艺术学校学习。在艺术学校的专业训练之下，根特将特有的传统建筑的艺术魅力融入到他的艺术血液之中。在他之后的大量艺术作品中，人们都可以领略到他对传统艺术的领悟与喜爱。他向新艺术运动献礼的第一部作品奥区克（La Maison Autrique），就清楚地展现了传统艺术的痕迹。

出于对艺术的狂热追求，短短的几年专业训练以及根特有限的艺术资源，霍塔是不可能满足的。或许是今生注定将成为新艺术运动的股肱之臣，霍塔选择了巴黎。在那里，新艺术运动正如火如荼地展开，各个派别争芳斗艳。来到巴黎的霍塔很快感觉到了无处不在的艺术，他后来回忆说：“无论我是站立还是行走，这里的纪念碑还有博物馆，无不激发我对艺术的直觉，没有任何学院里面的教育能够比得上瞻仰纪念碑给我带来这么强烈持久的震撼。”

震撼之余，霍塔依然保持一颗清醒的头脑，紧随新艺术运动的脉搏。他选择在一家室内装饰工作室工作。当时正逢玻璃工艺的蓬勃兴起,杰出的艺术家们都在积极探索将这一新型材料的优良特性运用到装饰上来的方法,霍塔同样被玻璃的独特气质以及优雅造型深深吸引,开始如饥似渴地探索着这种类植物的高超装饰艺术。

单纯凭借时髦的装饰艺术来概括新艺术运动,未免显得单薄,当时新艺术运动还有一个显著的特征,工业材料比如钢铁被大胆地用于建筑艺术中。霍塔对其情有独钟,不仅仅是在理论上给予支持,在实践中,只要有机会,他就让它们大展身手。

维克多作品 Hotel Tassel

后来,因为父亲去世,霍塔回到比利时并迁居布鲁塞尔。在那里,他事业爱情双丰收,他的第一件真正意义上的新艺术运动作品就此诞生。在这件作品上,霍塔表现出了新艺术运动先锋锐意革新的决心,和对新材料装饰高超大胆使用的大师气质。虽然植根于维奥特·勒·杜克的钢铁结构建筑和法国制式的类植物装饰造型,但他对钢铁材料的流线特性做了别出心裁的使用,将其用来装饰衔接两边的老式建筑。这件作品还在2000年入选了联合国教科文组织的《世界遗产名录》。

今天,他的作品大部分已经消失了,但维克多·霍塔这个名字,将会永远镌刻在建筑史上,成为让人仰望的星辰。

维克多作品

维克多·霍塔是新艺术运动的代表人物之一。新艺术运动在19世纪80年代兴起于比利时,他们反对历史式样,主张采用流动的曲线和以熟铁装饰的表现方式,运用自由曲线模仿自然形态。

霍塔致力于探求与其时代精神相呼应的建筑表达的新形式。他的建筑设计摒弃了传统建筑不注重实用和个性的特点，显露出现代建筑风格的端倪。他多采用自然风格的装饰手法，使用钢铁等工业材料作为支撑结构，在建筑物的外表以马赛克和釉雕等来装饰。他坚信，现代建筑应该与周围环境完美融合，成为一个和谐统一的整体，而不能拘泥于建筑形式。不过，由于新艺术运动仅限于建筑形式上尤其是室内装饰的创新，而未能解决建筑形式、功能、技术之间的结合，因此并没有为当时的建筑师所接受，很快就逐渐衰落，但维克多·霍塔的建筑理念，却给了许多现代建筑师灵感和启发。

维克多·霍塔代表作：

公元 **1892～1893** 年　比利时布鲁塞尔塔瑟尔住宅(Tassel House)

公元 **1895～1898** 年　比利时布鲁塞尔索尔维住宅(Hotel Solvay)

公元 **1898** 年　比利时布鲁塞尔霍塔住宅(Horta's own house)

公元 **1902** 年　意大利都灵的国际装饰艺术博览会比利时馆(Belgian Pavilion, International Exposition of Decorative Arts)

公元 **1914～1952** 年　比利时布鲁塞尔哈里中心火车站(Halle Centrale, Main Railway Station)

瀑布上的经典
——赖特

建筑是用结构来表达思想的科学性的艺术。

——赖特

1934 年,美国匹兹堡百货公司老板考夫曼在一次宴会上结识了美国建筑设计大师弗兰克·劳埃德·赖特(Frank Lloyd Wright),两人志趣相投,很快就成为了好朋友。考夫曼早就知道赖特的盛名,而他正好在匹兹堡东南面熊跑溪的上游买下了一块林地,于是,他邀请了赖特为他建造一座别墅。

赖特爽快地答应了考夫曼的请求,他很快就亲自来到熊跑溪实地考察。熊跑溪的风景非常漂亮,它远离公路,静静地流淌在森林中,周围环抱着的是茂密的森林,没有人声的嘈杂,只偶尔能听到潺潺的溪水和清脆鸟鸣的合奏。看完熊跑溪的环境,赖特向考夫曼提了一个要求,他要一张熊跑溪的详细地形图,必须标注上每一块大石头和直径在 6 英寸以上的树木的位置。

考夫曼知道,赖特的设计永远都是与环境融为一体的,自然才是他最终的追求,很快就答应了赖特的要求。第二年的 3 月,一份详尽的地形图交到了赖特的手中,每一块石头和每一棵大树都被准确地标注在了地图上。

很快半年过去了,赖特始终没有拿出一份设计图来。按捺不住的考夫曼再一次找到赖特,催促他赶快为自己设计别墅,赖特却非常悠闲地告诉他:“朋友,不用着急,它已经在这里了。”于是在 9 月的一天早晨,当赖特的学生们聚集到他身边时,他们发现赖特的桌子上已经放着一张草图了。

然而,看到整个施工图的考夫曼并没有觉得惊喜。他目瞪口呆,因为这个别墅并不是建造在溪水边或是瀑布的对面,赖特将它建在了瀑布之上!这位设计大师满怀诗意地向考夫曼描述着他的设计:“它是在山溪旁的一个峭壁的延伸,生活空间靠着几层平台而凌空在溪水之上，一位珍爱着这个地方的人就在这个平台上，他沉浸在瀑布的响声里享受着生活的乐趣。”

不过，考夫曼可不是这么想的，让他住进一座孤悬在瀑布上的别墅似乎是太冒险了。为了保险起见，考夫曼找来了许多的工程师，要求他们对设计的地基能否承受建筑负荷，进行全面的考察。考察完的工程师们显然也并不认同这位建筑大师的创意，他们提出了多达 38 条意见，完全否定了这个建筑的安全性。

这下换赖特发怒了。他愤怒地指责考夫曼：“把我的草图还给我，你这样的人不配得到这栋别墅。”他的指责反而让考夫曼冷静了下来，对于赖特才华的信任让他重新审视了这个设计，最终，他诚恳地向赖特道歉，并全盘接受了他的设计。

终于，到了 1937 年秋，这座瀑布上的流水别墅全部建成了。整座别墅彷佛是“石崖的延伸”，与周围的自然环境完美地融于一体，完全体现了赖特“有机”的设计理念。而它也成为了赖特一生中最出色的代表作。

1963 年，考夫曼的儿子将流水别墅捐给了匹兹堡宾夕法尼亚州保护局，捐赠仪式上，小考夫曼谈到为什么要捐出这座别墅时动情地说：“流水别墅是一件人类为自身所做的作品，不是一个人为另一个人所做的，它是一个公众的财富，而不是私人拥有的珍品。”让这件精彩的作品成为全人类共有的财富，也许这才真正符合赖特对建筑的看法吧！“无论人们意识到没有，建筑潜移默化地影响着人们。这种影响是如此彻底，就像植物生长的土壤对植物的影响一样。”

赖特一生的建筑理念都是在摸索空间的意义和它的表达，从实体转向空间，从静态空间到流动和连续的空间，再发展到四度的序列展开的动态空间，最后到达戏剧性的空间。他的主要建筑理论有：

崇尚自然。赖特总是对他的学生说：“你们应当了解大自然、热爱大自然、亲近大自然，它永远都不会亏待你的。”他认为，建筑应该反映一种生动鲜活的人类状态，它应该让人与自然联系起来。

有机建筑。建筑应该采用木材、石材等天然材料，和周围的自然环境相协调，

考虑到人的感情和需要。

连续空间运动。空间是一种强大的发展力量，因此要不断地探索新的形体，给运动的空间以动态的外壳。

表现材料的本性。每一种材料都有其内在性能，建筑必须依照这些材料各自的独特性能进行设计。

诗意的形式。赖特受到日本传统建筑的影响，认为建筑要消除一切无意义的东西而使一切事务变得自然，回归本真。

赖特代表作：

公元 **1902** 年　美国芝加哥威立茨住宅（Willitts House）

公元 **1904** 年　纽约州布法罗市拉金公司办公楼（Larkin Building）

公元 **1907** 年　美国伊利诺伊州罗伯茨住宅（Isabel Roberts House）

公元 **1908** 年　美国芝加哥的罗比住宅（Robie House）

公元 **1915～1922** 年　日本东京帝国饭店（Imperial Hotel）

艺术与工业的结合
——彼得·贝伦斯

艺术不应再被看作一种个人事务,不应再被看作一种个体艺术家的自我迷幻或奇想——如同他被其情人弄得神魂颠倒的情形一样,我们不想要一种这样的美学——其法则源自浪漫的白日梦,而是要一个真实的美学——其威信基于生活。不过我们也不想要一个孤芳自赏不思进取的技术,而是要一个显示自身能随着我们时代的艺术脉搏一致跳动的技术。

——彼得·贝伦斯

彼得·贝伦斯(Peter Behrens)才华横溢,无论是理论还是实践都成果惊人,是公认的20世纪100个不可不知的人物之一。贝伦斯的事业跨过青年风格时期、工艺美术运动、现代主义及新古典主义4个阶段,是现代建筑设计的重要人物。工作之余,他还积极地培育后人,鼓动风潮,造成时势。1910年间,建筑理论的先驱柯布西耶、密斯和格罗佩斯等,都曾在柏林贝伦斯的办公室工作过,受过影响,这一批人成为现代意义上的工业设计之父,是第一代成熟的工艺设计师与现代建筑设计师。

贝伦斯出生于汉堡。汉堡是德国第一大港,被誉为"德国通往世界的大门",也是新思想的集散地。当时的他刚刚完成在艺术学院的绘画学习,在慕尼黑从事书籍插图和木版画制作。在平面设计领域里,他深受日本水印木刻的影响,喜爱菊花、蝴蝶等象征美的自然现象。与此同时,新艺术运动正风靡欧洲大陆,在德国,新艺术被称为"青春风格",得名于《青春》杂志,其活动中心设在慕尼黑。可能是骨子里面流淌着德国人特有的理性和纯正的血液在作祟,德国的艺术家们将新艺术转向功能性,他们一反比利时、法国和西班牙以应用抽象的自然形态为特色并且着重于装饰的自由曲线发展的路线,节制了蜿蜒的曲线因素,并逐步发展到几何因素的形式构图。

贝伦斯毅然投入青春风格组织的怀抱，进入了青年风格时期。在此期间，他应黑森大公的邀请，参与了达姆施塔特艺术新村的设计实践，这次，他有机会完全按照自己的想法来设计房间，从家具、毛巾、陶器、油画，无一不凝聚了他的心血。正是这次难得的机会，让他从艺术转向了建筑，同时离开了慕尼黑的艺术圈，从青年风格派中分离，转向更为理性和简洁的设计风格。他开始大力提倡将钢铁和玻璃这些新的工业材料，用于厂房和办公室的设计，成了世纪之交结构革新的主要领导人之一。

1903 年，他被任命为迪塞尔多夫艺术学校的校长，在这里他完成了理论的建立和创新，这段时期他的作品表现出了强烈地肃清装饰行动的必要性，主张简洁质朴。1904 年他参加了德国工业同盟的组织工作。工业同盟的口号就是“优质产品”，他们力主在各界推广工业设计思想，规劝美术产业、工艺贸易各界人士共同推进“工业产品的优质性”。

1907 年他被德国通用电气公司聘请担任建筑师和设计协调人，这将他的事业又推进一步。这段时期的作品中，他仍保留了形式的力量，但是放弃了僵化的几何学。1909 ~ 1911 年他参与建造公司的厂房建筑群，其中他设计的透平机车间成为德国最有影响的建筑物，被誉为第一座真正的现代建筑。

这种风格一直持续到一战结束，当时的社会表现出对经济建设的大量需求，为此，贝伦斯对其假定了三种独立的节约方式，通过设计的理性化，建造技术的现代化，以及最大限度地用个体家庭服务的小区来进行替代实践。他摒弃了僵硬的古典主义，以及展现工业权威的象征主义，重新开始寻求一种能表现德国人民真正精神的探索，他越过了浪漫主义的尼采风格，走向一种源于中世纪并与之关联的形式。至此，他步入了设计生涯的第四个阶段——新古典主义。

回顾贝伦斯的一生，这位建筑大师一直在追寻着更美妙更人性的艺术，就算已经站到最高的山峰，他也没有停止探索的脚步，而正是这种精神，才推动着人类文明的不断进步。

贝伦斯的建筑设计造型简洁，摒弃了其他的所有附加装饰物，而追求一种简洁的立方体，以纯净的形式达到“水晶”符号的象征。他乐于使用钢材和玻璃等新材料，并采用全新的建筑形式，通过各部分的均匀比例，来减弱其庞大体积产生的视觉效果。他的设计理念，正好代表了德意志设计联盟的理念。

贝伦斯主张对造型规律进行数学分析。他拒绝复制历史风格，开始追求能表现德国人民真正精神的探索，但他在植物、花卉的造型和动物界、植物界线条的基础上坚持理性主义美学原则。他的风格接近几何图形，因而易于转向纯工业形式的创作。

彼得·贝伦斯代表作：

公元 1909 ~ 1912 年　德国通用电器公司透平机车间（AEG Turbine Factory）

公元 1911 ~ 1912 年　俄罗斯圣彼得堡德国大使馆（German Embassy）

公元 1930 年　奥地利烟草公司（Austria Tabakwerke AG）

设计之父
——埃利尔·沙里宁

在设计时始终要在最接近的环境中进行考虑——房间中的椅子、房屋中的房间、环境中的房屋、城市规划中的环境等。

——埃利尔·沙里宁

埃利尔·沙里宁(Eliel Saarinen)的建筑职业生涯可以分成两个时期,在芬兰的25年里,他的民族浪漫主义和Jugendstill-Inspired Architecture让他蜚声国际;当沙里宁得到芝加哥国际设计竞赛第二名的荣誉后,1923年他移民至美国发展,开始了他事业的第二个高峰期。在这个时期,他除了有更多优秀、专业的作品问世之外,更主要的是在教育界的影响。他积极投身于艺术教育领域,将自己的经验理论化,并无私地传授给后人。他的直接影响者就是他的儿子埃罗·沙里宁,20世纪中后期伟大的美国建筑师,国际主义式样主要领导人之一。

沙里宁出生于芬兰,出于从事神职工作的父亲的关系,他童年有一段时间在靠近俄罗斯圣彼得堡附近的区域度过,在与圣彼得堡亲密接触的那段岁月,他感受到了圣彼得堡不同于芬兰其他省份的独特的城市魅力,同时,他还获得了领略各种寺院的特权。当参观完一次博物馆之后,他的心灵彻底地被艺术女神俘虏,萌发了当一个画家的念头。1893年高校毕业后,他开始在赫尔辛基大学和赫尔辛基工艺学院修读绘画与建筑。在这里,他获得了他事业上的左右手,基塞留斯和林葛兰,毕业后,他们合伙开办了一个工作室。锦上添花的是,沙里宁同时也拥有了他人生的第二段爱情,而这段爱情最珍贵的结晶,就是埃罗·沙里宁。

就在那个时候,芬兰诗人埃利亚斯·隆洛德发现了反映芬兰民国故事的史诗《凯莱瓦拉》,其中那热情洋溢、高明的修饰手法,在艺术界引起了强烈的轰动,大量的艺术家都被这种艺术表现形式深深感染,激发了他们对芬兰传统文化寻根探索的热情，于是，民族浪漫主义流派出现了。民族浪漫主义融合冒险、折中，本国的中世纪建筑特色，以及新艺术运动等多种元素于一体。沙里宁和他的伙伴们也是民族浪漫主义的影响者。1900 年的展出，为他们带来了国际声誉，而声誉的提高，又为他们赢得了更多的订单，使他们能够将自己的风格带入到各式各样的建筑中，在这些作品中体现出他们别具匠心的组合方式。他们对建筑单元逆于常规的搭配，触动心弦的材料语言，以及对芬兰的历史建筑中动态和静态元素的巧妙借鉴，使他们大获成功。

渐渐地，沙里宁越来越感觉到国家式建筑的呆板和沉闷，就在民族浪漫主义高度发展的时期，沙里宁开始将兴趣转移到城镇建设设计上。1906 年在设计赫尔辛基火车站时，他突破了民族浪漫主义的限制，将更加古典和永恒的精神注入其中。在后期作品中，他开始强调建筑不仅应是艺术品，而且还应与外界空间关系和谐，整体与局部和谐，这和现代高楼建筑的平立面可以像机械产品一样任意切割全然不同。1943 年，他写出了《城市的成长、衰亡和未来》一书，成为了城市规划的指导性著作。

赫尔辛基火车站

埃利尔·沙里宁是世纪之交芬兰民族浪漫主义的领导人物之一，同时也是“美国现代设计之父”。他的建筑设计风格，受到英国格拉斯哥学派和维也纳分离派的双重影响，其建筑作品表现了砖石建筑的特征，又反映了向现代派建筑发展的趋势。

沙里宁的设计多是低矮的砖造建筑，没有过大的柱子，而都是与人的比例相近的柱子。建筑上有一些微小的手工艺所造的对象，重复的山墙屋顶线、丰富的铺面图案色彩、一个小的高塔，这些结合在一起，创造出了一个有力的感觉，传达出贵族的气息。

而更重要的一点是，沙里宁不仅在建筑设计上成就非凡，他还培育了如小沙里宁、伊莫斯、伯托埃等在内的顶级设计大师，开启了北欧设计“以人为本”的风格。

埃利尔·沙里宁代表作：

公元 1899～1901 年　芬兰赫尔辛基波赫尤拉保险公司大厦(Pohjola Insurance Building)

公元 1900 年　法国巴黎世界博览会的芬兰馆(Finnish Pavilion)

公元 1901～1910 年　芬兰赫尔辛基芬兰自然博物馆(Finnish National Museum)

公元 1902 年　芬兰赫尔辛基沙里宁住宅(Saarinen's House)

公元 1906～1916 年　芬兰赫尔辛基火车站(Helsinki Railway Station)

包豪斯主张
——沃尔特·格罗佩斯

艺术家和手工艺人之间,不存在根本的差异,所谓艺术家乃是手工艺技术发展至最高境界时的化身……这是所有创造性活动最主要的源泉。

——沃尔特·格罗佩斯

提到艺术史,你不能不知道这个名字——包豪斯;提到建筑史,你也不能不知道这个名字——包豪斯。可以说,没有哪种设计理念比包豪斯带给后人的影响更大,没有哪所艺术院校比包豪斯更有名。正如沃尔夫·冯·埃卡尔特所说:“(包豪斯)创造了当今工业设计的模式,并且为此制订了标准;它是现代建筑的助产士;它改变了一切东西的模样,从你现在正坐在上面的椅子,一直到你正在读的书。”只要你生活着,你就不可避免地被包豪斯所影响。

1919年,第一次世界大战结束,身为战败国的德国收拾起创伤,开始了默默重建的过程。就在这个时候,一个设计师给德国政府写了一封信,这个人,叫沃尔特·格罗佩斯(Walter Gropius)。他是一名建筑师,战争前,他是德国一所工艺美术学校的校长,学校在战火中被毁,而他在信中所写的,正是建议政府迅速建立起一所艺术学校。

身边大部分的人都认为沃尔特的想法太过异想天开。一所艺术学校?这看起来太不实用了,对几乎成为了废墟的德国来说,建造起供人居住的住宅似乎更为重要。幸好,德国还有一群高瞻远瞩的政府官员们,他们清楚,相较美英等国家,德国的原物料十分匮乏,因此,只有拥有设计的工艺产品,才能保证他们在世界市场占有一席之地,而这些,都必须依靠学校中培养出来的设计师和熟练工人,于是他们很快采纳了沃尔特的建议,并任命他为这所学校的校长。

沃尔特将学校命名为包豪斯(Bauhaus),这个词是将德语中原有的 hausbau

(房屋建造)颠倒了一下得来的。而这个拥有着独创名字的学校,也有着独特的风气。沃尔特不允许学生们称呼他们为"教授"、"老师",他觉得这只会表示他们所学的东西还被局限在学校和书本上,对他来说,真正的艺术应该是在生活中的,是可以被生活所用的,所以,他让学生们称负责教会学生掌握工艺方法和技巧的工匠们为"作坊大师",而负责基础课程和创造思维的艺术家们则被称为"形式大师"。更重要的是,沃尔特提出了对设计艺术的全新概念:艺术应该是艺术的,也是科学的,它是设计的也是实用的,必须能够经工业化的大量生产。艺术从来都不是高高在上的,它应该与生活同在,为人类的幸福生活服务。

沃尔特之后,更多的建筑大师接替了他的事业,汉纳斯·梅耶、密斯·凡·德罗、艾尔伯斯,除了这些建筑大师,还有天才的印刷专家赫伯特·拜尔、现代家具革命的创始人马塞尔·布劳埃、20 世纪最有原创力的纺织大师根塔·施托尔策以及朱斯特·施密特,他们都曾是包豪斯的青年大师。正是他们,让包豪斯学校成为了一个传奇,也把包豪斯的理念传播到了全世界。

1933 年,在第二次世界大战风雨飘摇的前夕,由于纳粹势力的迫害,包豪斯学校被迫关闭,这个仅仅存在了 15 年的学校从此消失了,但庆幸的是,包豪斯的精神从未远去。

沃尔特是现代主义建筑学派的重要人物,他提倡建筑设计与工艺的统一,艺术与技术的结合,讲究功能、技术和经济效益。

沃尔特的建筑设计讲究充分的采光和通风，把大量光线引入室内；他主张按空间的用途、性质、相互关系来合理组织和布局，按人的生理要求、人体尺度来确定空间的最小极限；他强调实用功能，利用现代建材和结构设计来达到简洁通透的视觉效果，并用不对称的造型来维护整个构图的平衡和灵活。

他致力于研究适应工业化大量生产的建筑设计，利用第一次世界大战后科技的进步，运用机械化大量生产建筑构件和预制装配；他还提出一整套关于房屋设计标准化和预制装配的理论和办法，将现代建筑理论推向了新的高度。

沃尔特·格罗佩斯代表作：

公元 1929 年　德国柏林西门子住宅区(Berlin-siemens Stadt Houseing)

公元 1936 年　英国英平顿地方乡村学校(Village College)

公元 1937 年　格罗佩斯自用住宅(Gropius Residence)

公元 1949 年　哈佛大学研究生中心(Harvard Graduate enter)

公元 1977 年　何塞·昆西公立学校(Josioh Quincy Community School)

玻璃幕墙的开启
——密斯·凡·德罗

建筑开始于两块砖小心谨慎地砌筑在一起。建筑是运用文法规则的语言，人们可以平淡地在日常生活中使用语言，但是如果能够很好地掌握它，可成为一个诗人。

——密斯·凡·德罗

1886年，密斯·凡·德罗（Mies van der Rohe）出生在德国亚琛的一个普通的石匠家庭。石匠父亲的工作让他很小就有接触建筑的机会，也让他从小就培养起了对建筑的敏锐感觉。稍大一些，他就爱游荡于城市的古建筑中，埃利森泉、亚琛大教堂以及哥特式市政厅都是他喜爱逗留的地方，在这些古老的建筑中逡巡，让他对建筑物产生了发自内心的喜爱，也孕育了他对建筑最早的理解。

长大以后，密斯继承了父亲的事业，也做了一名石匠。不过，简单的石匠工作显然不是他真正要追求的，他很快就放弃了单纯的石匠工作，来到了柏林的布鲁诺·保罗事务所当了一名学徒。1908年，他又投身彼得·贝伦斯手下，成为了一名绘图员。跟随大师的日子显然给了他许多启发，他与彼得·贝伦斯一起工作了将近4年的时间，这段日子里，他自己的建筑理论渐渐成形，最终产生了引领20世纪建筑风格的思想体系。

1937年，密斯移居到了美国。几年之后，他受邀为范斯沃斯医生修建了那座著名的玻璃屋，玻璃屋完整地表达了他的极少主义风格，以及由他独创的玻璃使用方法，成为他的代表作之一。可惜的是，当时的人们无法理解他的创造，对大多数一般人来说,一件完全透明的房子可不是住人的好地方,此后很长一段时间里,都没有人敢请密斯设计房屋。

面对这一切,密斯并没有气馁,他坚信自己的设计终将被人们所接受,而唯一需要改进的,只是透明的玻璃墙而已。经过一段时间的考虑,他终于等到了可以替代一般玻璃的染色隔热玻璃的发明,也让他再次实践玻璃幕墙设计的计划重新列上了日程。

经过多方努力,在纽约现代艺术博物馆建筑部负责人菲利普·约翰逊的保荐之下,1952年,密斯再次获得了设计一幢38层的玻璃幕墙大厦的机会,而且他可以不受预算的限制,自由地设计一座标志性建筑。这幢大厦,就是著名的西格拉姆大厦。大厦的外形非常简单,就是一个方方正正的六面体,外墙的3/4都被玻璃幕墙覆盖了,琥珀色的玻璃镶嵌在包裹青铜的铜窗格中,优雅而凝重。而且大厦并没有建造在道路旁边,而是向后退了少许,留出了一个宽敞的大理石广场,更显得它与众不同。整个大厦的细节都经过慎重处理,简洁细致,完美地体现出了材质和工艺的美感。

西格拉姆大厦的出现,让它迅速成为了纽约最豪华最知名的建筑,并开启了"现代古典主义"风格,它的影响力,从全世界数不清的仿造建筑中便可见一斑。

简而言之,密斯·凡·德罗在建筑上的贡献就是"少就是多"的极少主义建筑哲学、流动空间的新概念以及他对钢框架结构和玻璃的运用。

极少主义。在密斯的设计作品中,各个细部被精简到了不可再精简的地步,不少的作品结构几乎完全暴露在人的视线中,没有一件附加在建筑物上的多余的东西,摒弃了一切杂乱的装饰和设计,却给人高贵雅致之感。

流通的空间。他突破了几千年以来内敛式的居住观念,与以往封闭式或敞开式的空间不同的是,他将空间放在一个连续变化的系统中,暗示着居住空间的扩大和渗透,进而营造出轻灵多变的空间效果。

钢结构和玻璃幕墙的使用。两者的使用使得密斯的建筑整洁而骨架分明,加上他惯用的直线特征和对称描绘,进而使其建筑具有了古典式的均衡和极端简洁的风格。

密斯·凡·德罗代表作:

公元 1927 年　白森毫夫公寓大楼(Weissenhof Apartment Building)

公元 1928 年　德国克雷费尔德朗格住宅(Lange House Krefeld)

公元 1929 年　西班牙巴塞罗那博览会德国馆(Barcelona Pavilion)

公元 1933 年　德国柏林密斯·凡·德罗住宅(Mies van der Rohe House)

公元 1948 年　美国芝加哥湖滨公寓(Lake Shore Drive Apartments)

公元 1968 年　德国柏林新国家美术馆(National Gallery Berlin)

萨伏伊别墅
——勒·柯布西耶

建筑只有在产生诗意的时刻才存在,建筑是一种造型的东西。

——勒·柯布西耶

这是1928年的春天,此时的勒·柯布西耶(Le Corbusier)已经建造了11幢别墅,在国际上赢得了不小的声望。就在这一年,一对名叫皮埃尔·萨伏伊和艾米莉·萨伏伊的亿万富豪夫妇前来邀请他,请他为自己在巴黎郊区普瓦西的一片林地上建造一座乡间别墅。

就在前两年,柯布西耶刚刚发表了自己最重要的建筑成果——《新建筑的五个特点》,同时他觉得所有的房屋都应该简朴、干净,并且廉价,他反对各种的装饰,而现在他正好可以将自己的建筑概念完全地表达在这座萨伏伊别墅上。于是,经过3年的修建后,人们见到的是一所与传统欧洲住宅大异其趣的别墅。

萨伏伊别墅坐落在一片可以俯瞰塞纳—马恩省河的开阔林间空地上,整体彷佛一个被细柱子支撑起来的白色方形盒子。房子的表面看似平淡,没有任何多余

的装饰，通体的白色看来简单而干净，是柯布西耶眼中“代表新鲜的、纯净的、简单和健康的颜色”，四周是横向的长窗，保证了阳光最大可能的射入。整个别墅长约22.5米，宽为20米，共3层，底层是门厅、车库和佣人房，二楼是起居室、卧室、厨房、餐室、屋顶花园和一个半开敞的休息空间，三楼为主卧室和屋顶花园，楼层之间依靠螺旋形的楼梯和折形的坡道相连。整个房子都没有任何的装饰，只用了一些曲线形墙体以增加变化，除此之外再也没有任何的额外装饰，甚至连家具也几乎看不见。对柯布西耶来说：“（现代人）需要的就是一个僧侣的斗室，有充足的光照供暖，还有一个他可以眺望星星的角落。”

萨伏伊别墅深刻地体现了柯布西耶提倡的建筑美学原则，更重要的是，它体现了建筑最本质的特征，充满生命力的创造。正如看到萨伏伊别墅的人所感叹的：“我从未见过其他的建筑，能够像它一样用如此简单的形体给人巨大的震撼和无穷的回味。”

勒·柯布西耶无疑是对当代生活影响最大的建筑师，这位现代主义建筑的鼻祖，分别是20年代功能理性主义和后来的有机建筑阶段最重要的人物，难怪人们说：“如果不理解柯布西耶的话，就很难理解现代建筑。”

柯布西耶的建筑思想可分为两个阶段：50年代以前是合理主义、功能主义和国家样式，50年代以后则转向表现主义、后现代。

柯布西耶强调机械的美，认为住宅是供人居住的机器，它具有自己独特的美学原则，他的观点奠定了机械美学理论。同时，他主张用传统的模式来为现代建筑提供范本，以数学和几何计算为设计的出发点，使建筑具有更高的科学性和理性特征。

1926年，柯布西耶在自己的著作中，提出了5个建筑学新观点：底层架空柱、屋顶花园、自由平面、横向的长窗和独立于主结构的自由立面。这5点都是摒弃了传统建筑模式，采用框架结构使墙体不再承重以后产生的建筑特点。到了今

天，这些观点对现代建筑产生的影响可谓广泛而深远，几乎所有的现代建筑中或多或少都包含有这5点中的某些条目。

柯布西耶代表作：

公元1928～1930年　巴黎郊区萨伏伊别墅（The Villa Savoye）

公元1930～1932年　巴黎瑞士学生宿舍（Pavillion Suisse A La Cite Universitaire A Paris）

公元1950～1953年　朗香教堂（La Chapelle de Ronchamp）

打造一个天堂
——阿尔瓦·阿尔托

不论在这个世界上或是某一地区盛行何种社会制度，在设计社会、城市、建筑甚至是最微小的机器零件时，都需要温馨的人性，这样才能给人的心理带来某种良性、向上的感觉，才不至于在个人自由与社会公益之间引起冲突……

——阿尔瓦·阿尔托

也许有很多的建筑师都值得我们尊重，但唯有他，能够引起我们最亲切的微笑与最深的温暖，因为他是最温情的建筑大师——阿尔瓦·阿尔托(Alvar Aalto)。

在美丽如童话的北欧，有一个美丽如童话的国家——芬兰。这个国家有着覆盖了几乎整片土地的森林，有着如宝石般散布在国土上的大小湖泊，有着如繁星闪耀的群岛。美丽的自然环境给了这个国度的人更自然豁达的心态以及天马行空的灵感，也让芬兰成为了世界上建筑水平最高的国家之一。

芬兰的建筑吸收了国际建筑的优点，又有着自己独特的个性特征。因为芬兰靠近北极圈，因此日照时间非常短，而冬季则十分漫长，因此芬兰的建筑往往更重视内部的舒适度，而拥有朴素平实的外观。在设计中，他们更注重建筑内部的明亮开阔，因为白日短暂，阳光对他们来说是尤为重要的。而且，因为寒冷，他们在室内活动的时间相对较长，因此建筑内部的舒适度要比外观上的悦目更为重要。正是在这种重视实用性和舒适度的建筑理念下，芬兰诞生了人情化建筑大师——阿尔瓦·阿尔托。

阿尔托1898年2月3日出生在芬兰的库奥尔塔内小镇。1921年，他从赫尔辛基工业专科学校建筑学系毕业，两年之后就开办了自己的建筑事务所，开启了自己的建筑生涯。此后直到他逝世的1976年，在这长达

贝克大楼及设计图

55年的时间里，他始终坚持自己的建筑理念，那就是建筑是为人服务的，它应该要投入人的情感，通过人的情感和自然的交融，体现出建筑真正的价值。

阿尔托一直坚信，建筑是为人，尤其是为一般人服务的，它要符合一般人的审美观。他曾经说："建造天堂是建筑设计的一个潜在动机，这一理念会不断地从每个角落里涌现出来。它是我们设计建筑的唯一目的。如果我们不能始终坚持这一理念，我们的建筑将是简陋且无价值的，但我们的生活会富裕起来，然而，这种富裕的生活又有什么意义呢？每件建筑作品都是一个标志，它们向世人展示出我们愿意为世界上的所有人建造天堂的志向。"为此，在他的建筑生涯中，他设计了将近100户的私家住屋。

而在他的其他建筑作品中，他也坚持着人性化的建筑风格。在为美国麻省理工学院设计住宿大楼时，他就坚持要让尽可能多的房间面对阳光和河流，为此，他将整座大楼设计成了蜿蜒的波浪型，试着让更多的房间可以观赏查尔斯河的景色。直到今天，学院的学生们还在享受着他细心体贴的设计。

同时，阿尔托在设计中一直坚持取法自然。因为芬兰盛产木材，所以他在设计时往往会大量地采用木材为原料，给人温暖亲近之感；同样的，他的设计中经常采用的波浪形设计，也正是来自于"湖泊之国"芬兰那星罗密布的湖泊的河岸线。

"在地球上创造一个天堂是设计师的义务。"阿尔托不光是这样说的，他也用自己的一生实践了他的言论。因为他的存在我们才发现，原来建筑也可以如此简单、如此亲切、如此温情。

阿尔瓦·阿尔托,是人性化建筑理论的倡导者,现代城市规划的代表人物,现代建筑的重要奠基人之一。

阿尔托按湖泊形式设计的杯子

阿尔托的设计可分为三个时期:

1. 第一白色时期:1923 ~ 1944 年,其作品外形简洁,多为白色,但有时在阳台栏板上涂有强烈色彩;建筑外部经常采用当地特产的木材。

2. 红色时期:1945 ~ 1953 年,建筑外部常用红砖砌筑;多用自然材料与精致的人工构件相对比;造型富于变化。

3. 第二白色时期:1953 ~ 1976 年,再次回到白色的境界;作品空间变化丰富,发展了连续空间的概念,外形构图重视物质功能因素,也重视艺术效果。

在房屋设计上,阿尔托一直坚持自己的理想,那就是平等地为每一个人提供更好的居住环境。他认为,工业化和标准化始终是为人的生活来服务的,它必须适应人的精神要求。因此在建筑设计中,他始终遵循着自然再现的理念,将建筑与周围的环境紧密结合起来,使外部空间成为内部空间的延续。同时,他热衷于使用天然资源,并利用自然光线和当地的自然景观进行衔接。他的设计多有不规则的形状或结构,表现出极大的随意性。

阿尔瓦·阿尔托代表作:

公元 1927 ~ 1935 年　卫普里图书馆(Viipuri Library)

公元 1929 ~ 1933 年　帕伊米奥结核病疗养院(Paimio Tuberculosis Sanitarium)

公元 1947 ~ 1948 年　美国麻省理工学院学生宿舍——贝克大楼(Baker Dormitory)

公元 1950 ~ 1952 年　芬兰珊纳约基市政府中心(Saynatsalo Town Hall)

公元 1956 ~ 1958 年　伏克塞涅斯卡教堂(Church in Vuoksenniska)

细节的大师
——卡洛·斯卡帕

在卡洛·斯卡帕的建筑中,“美丽”是第一种感觉;“艺术”是第一个词汇。然后是惊奇对形式的深刻认识,对密不可分的元素的整体感觉。设计顾及自然,给元素以存在的形式,艺术使形式的完整性得以充分体现,各种形式的元素谱成了一曲生动的交响乐。在所有元素之中,节点是装饰的起源,细部是对自然的崇拜。

——路易·康

有这么一个故事:1968年,整个欧洲正席卷于激进的学生浪潮之中。在水城威尼斯,威尼斯建筑学院年轻的学子们也蠢蠢欲动,无心念书。有一天,他们又写了大大的标语牌,打算上街游行,一群人走到门口,却被一个老人拦住了。老人指着标语上写着的字说:“你们也算是建筑系的学生?看看你们写的是些什么字?我真不敢相信你们居然有脸扛着这样的标语出去游行。”

这个老人不是别人,他就是建筑大师卡洛·斯卡帕(Carlo Scarpa)。从这个故事可以看出,卡洛·斯卡帕非常关注细节,既然小小标语牌上的字迹他也不会放过,那么他在建筑中的细致就更是不用说了,也正因此,他才会被人们称作“细节的大师”。

1906年,卡洛·斯卡帕出生于意大利著名的水城威尼斯。他的父亲是个中学教员,而母亲则是个服装设计师。长大之后,斯卡帕很快就显现出在建筑设计方面的才能和偏好,于是他进入了高等技术学校学习建筑,后来又到了威尼斯美术学院学习。求学期间,他开始到建筑事务所当实习生,19岁时,他就接到了自己的第一个独立委托项目,正式开始了他的建筑师生涯。

意大利人有着对美的强烈执著，这点很明显地投射到了斯卡帕身上。他长期生活在威尼斯，这个历史悠久的古老城市有着独特而浪漫的各种历史风格的建筑。而更重要的一点是，威尼斯因为多河，大部分的房屋都是建在岛上或是浅水地段的木桩上的，因此建筑之间的间隔都很小，这使建筑师们在设计时往往在整体上都追求简洁明快的风格，而倾注了更多的精力在细小的装饰和细节上。这种明显的建筑风格深深地影响了斯卡帕，使得他更注重细节的完美。

正因为在细节上的雕琢和考虑，斯卡帕一生所设计建造的作品非常少，而且与别的建筑师不同，他的每一个作品几乎都耗费了5到10年甚至更长的时间，但他的作品，值得每个人去认真感受每一处细节。

1969年，斯卡帕受邀设计布里昂家族墓园，这是他最后也是最著名的设计。斯卡帕抛弃了西方传统墓地的中轴堆成设计手法，而将中国园林的漫游式布局带入其中。他让水流在墓园中自由流淌，在与玻璃的折射中，为原本死气沉沉的墓园带来了宁静和新生。在棺木的设计上，他让两个棺木互相倾斜，因为“如果两个生前相爱的人在死后还相互倾心的话，那将是十分动人的”。他还细心地设计一个拱，为棺木中的恋人们挡风遮雨。所有的细节都如此完美，人们走在墓园中，不仅仅能感受到对死者的尊重，更能体会到对新的生命的向往和渴望。

尽管斯卡帕没有完成墓园的建造就不幸去世了，但这座墓园却成为了他建筑精神最好的象征，不仅仅是细节上的完美和雕琢，还有对人类情感的赞美和展现。

威尼斯独特的水域特征，对斯卡帕的建筑风格有极大的影响。终其一生，斯卡帕都眷念着自己的故土，这让他具有着比其他建筑师更强烈的历史感，因此，他将大部分的精力都放在了历史性建筑的修复或扩建等项目上。

威尼斯丰富的水域空间特征、精致的传统手工艺技术，赋予了斯卡帕极高的艺术品味以及在比例构图上的出色修养，而维也纳分离派则让他更加重视建筑与

其他视觉艺术的联系,使他可以纯熟地运用线条和空间。

正如他的学生所说,斯卡帕是一位运用光线的大师,是细部的大师和材料的鉴赏家。而斯卡帕说过这样一句话:“直线象征无限,曲线限制创造。而色彩则可以让人哭泣。”对色彩和线条等细微处的审视让他对自己尤为苛刻,追求一种臻于完美的境界,他特有的设计理论和手法,赋予了其建筑创作强烈的个性和深刻的历史性特征。

卡洛·斯卡帕代表作:

公元 1956 年　意大利维罗纳卡斯特罗博物馆(Castelvecchio Museum)

公元 1957~1958 年　奥利维地商店(Olivetti store)

公元 1961~1963 年　意大利威尼斯奎里尼·斯塔姆帕利亚基金会博物馆(Fondazione Querini Stampalia)

公元 1969~1978 年　意大利桑维多布里昂家族墓园(Brion Family Cemetery)

美国建筑“教父”
——菲利普·约翰逊

一种纯净的艺术即简单、无装饰的艺术，可能是伟大的救世灵丹，因为这是自哥特以来头一个真正的风格，因此它将变成世界性的，且应作为这个时代的准则。

——菲利普·约翰逊

作为建筑师来说，恐怕没有哪个比菲利普·约翰逊(Philip Johnson)得到的争议还要多。这个20世纪美国乃至国际建筑界最引人注目的设计师，同时获得了最不遗余力的赞美和最激烈的批评。

这位被称为美国建筑界“教父”的设计师，经历了现代主义、后现代主义以及解构主义三个时期，并一直走在潮流前列。最早他从密斯风格转向了新古典主义，设计了波士顿公共图书馆；当现代主义大行其道之时，他设计了干净简单的水晶教堂；而当后现代主义风靡全球的时候，他就做出了美国电话电报公司大楼。菲利普的一生永远都在求新求变，他毫不在乎所谓的正统观念，当人们批评他的时候，他会毫不在意地说：“我就是个妓女，业主让我摆什么pose，我就摆什么pose。”

1906年7月8日，菲利普出生于美国俄亥俄州克利夫兰的一个律师家庭。小时候，母亲就教他和兄弟姐妹们建筑史和希腊史，但这个时候，他还仅仅只对希腊产生了兴趣，而不是建筑。长大后，他进入了哈佛大学学习哲学和希腊文，21岁就拿到了古典文学的学士学位。

真正的转变开始于1928年。这一年他远赴埃及和希腊参观，在那里，他亲眼看到了埃及神庙和帕特农神庙，古代建筑的壮美给了他的心灵极大的刺激，回来后，他开始大量阅读有关建筑大师密斯·凡·德罗、勒·柯布西耶和沃尔特·格罗佩斯等的文章。最终他下定决心，转而学习建筑学。

尽管从哲学转为建筑学听起来似乎不可思议,但菲利普还是做到了。1939年,已经33岁"高龄"的他重新回到了哈佛大学学习建筑学。刚进入建筑学院的菲利普并不是个听话的学生,他的老师深受包豪斯的影响,但他自己却热衷于密斯·凡·德罗的设计,于是,在进行指定设计时,他往往都是做两个设计,一个是为了应付老师,另一个才是他自己真正的想法。

不过,正如他自己所说的:"我们从来没必要照搬我们自己的东西,而是应该跟这些完全不同。"菲利普·约翰逊从来就没有囿于一种风格,没有多久他就走出了密斯的影响,开始了自己的设计之路。

水晶教堂内外

1968年,牧师舒勒希望能够在加州建造一间教堂,他找到了菲利普·约翰逊,告诉他:"我要的不是一座普通的教堂,我要在人间建造一座伊甸园。"菲利普了解到,舒勒长期都在露天布道,所以他希望教堂看上去似乎没有屋顶和墙壁,于是,他用玻璃组建起了一座水晶教堂(Crystal Cathedral),巨大、明亮、壮美、通透。这座奇迹般的建筑,很快就成为了"世界十大教堂"之一。1978年,他参与设计了美国电报电话公司纽约总部大厦,将15世纪意大利文艺复兴教堂的拱形加入其中,使古典风格与现代高楼建筑融为一体,这就是轰动一时的"奇彭代尔"屋顶。2006年,菲利普设计的最后一件作品——都市玻璃之屋——完工了。设计这件作品是因为菲利普的第一件设计作品正是玻璃屋。优雅的矩形、大胆的几何线条,以及简洁明快的视觉感,为菲利普的设计划上了完美的句点,也让他得以安然辞世。

有人说,菲利普·约翰逊的"影响已超越了单纯的建造,而达到建筑之最难点,即创造优美的环境"。这句话,可算是对他最中肯的评价。永远都在求变的菲利普,作品遍及各个领域,他喜欢变化建筑物的外形,所以他的作品往往上一座和下一座风格截然不同,他的作品没有规则可言,因为对他来说,没有规则才是他唯一的规则。

不过总体而言,他的作品具有很强的抽象性和审美观。他相当注意自然和人造光线之间的搭配,尤其重视光线的作用,同时也很好的把握了水对所处位置的重要影响。约翰逊曾经说,现代建筑有“七根支柱”:历史、绘图、实用、舒适、廉价、委托人、结构。他的这一观点对建筑设计起着非常重要的作用。

美国电报电话公司纽约总部大厦

菲利普·约翰逊代表作:

公元1949年　美国康乃狄克州纽卡纳安玻璃住宅(Glass House New Canaan)

公元1977年　圣路易斯州人寿保险总公司(General Life Insurance St. Louis)

公元1980年　加利福尼亚州加登格罗夫水晶大教堂(Crystal Cathedral Garden Grove)

公元1984年　美国纽约电话与电报公司大厦(AT&T Building New York)

公元1984年　美国宾夕法尼亚州匹兹堡PPG总部(PPG Headquarters Pittsburgh)

公元1987年　美国得克萨斯州达拉斯市立国家银行大楼(Bank One Center Dallas)

日本当代建筑界第一人
——丹下健三

虽然建筑的形态、空间及外观要符合必要的逻辑性，但建筑还应该蕴涵直指人心的力量。这一时代所谓的创造力，就是将科技与人性完美结合。而传统元素在建筑设计中担任的角色应该像化学反应中的催化剂，它能加速反应，却在最终的结果里不见踪影。

——丹下健三

1945 年正是第二次世界大战最激烈的时候，日军气势汹汹，在数条战线展开进攻，扬言要将世界踏于脚下。8 月 6 日，美国轰炸机“埃诺拉 · 盖伊”号秘密进入了日本领空，在日本广岛投下了一颗原子弹。自此，这片曾经美丽而安宁的土地成为了人间炼狱，整个城市被夷为平地，20 多万人因此丧生，受到毒害的人更是数不胜数。而因其和同时在长崎投下的原子弹，日本军国主义政府也在 10 日后宣布投降，第二次世界大战终于走到了尾声。

结束了战争之后的世界重新恢复了和平，被现代科技摧毁的广岛也开始了它新的生活。爆炸后的第三天，倔强的广岛人就恢复了街道上电车的营运，而当战争真正结束的时候，废墟上的人们已经开始思考重建的问题了。

不过，重建一座城市需要的资金可不是一个小数目，当时占领日本的美军表示，广岛政府必须提出一个合理的重建计划，他们才会给予必须的资金援助。于是经过慎重考虑，广岛人选定了重建计划的设计师——他就是丹下健三。

面对着被原子弹夷为平地的广岛，丹下接下了这个棘手工作。他首先要面对的，就是移址重建还是原址重建的争议,不少人觉得移址重建更好,但经过丹下与广岛政府的反复讨论,他们最终决定了在原址上重建,并按照原有的历史特色和传统规划进行建造。他们希望此举能够让人们更深刻地记住这段历史,藉以反思自己的行为。

随后,丹下提出了“重建建筑以重建城市”的设计理念,他决定先建造一座大型的和平纪念碑,然后以此纪念碑为中心,衍生出整个新的城市。他将和平纪念碑安置在了原子弹爆炸的中心,本川河与元安川河所形成的三角形绿地上。纪念碑呈马鞍形,碑上刻着和平天使和母子相依偎的浮雕,碑的中央放着一口大石箱子,里面存放着原子弹爆炸受害者的名字,石箱之上刻着这样一句话:“安息吧! 历史不会再重演!”往南他设置了三栋建筑物,分别是会议中心、和平纪念馆和大会堂。

“原爆穹顶”的设计,使纪念公园的中轴线产生了紧凑的视觉凝聚效果,而在设计两侧的会议厅和大会堂时,丹下则加入了不少日本传统建筑模式,以黑色花岗石板与白色小石铺石表现出新时代的石庭,他的这种设计,也被称为新传统主义。

到了今天,广岛人都称这座纪念碑为“慰灵碑”,对他们来说,这是广岛这座在废墟上重建起来的城市的情感基点,正是这座纪念碑的存在,才让他们感觉到未来的希望所在。

和平纪念公园的设计打动了所有人,也让当时才36岁的丹下健三名声大振。美国军方非常乐意给予了广岛更多的经济援助,由丹下负责的“广岛都市复兴计划”也得以顺利开展了。

丹下完美的广岛城市设计,使他的新传统主义获得了国际建筑界的肯定和激赏,从此他一跃成名,成为了战后国际建筑界最闪亮的明星,也成为了日本当代建筑艺术当之无愧的第一人。

丹下健三的建筑生涯可以分为三个阶段:第一阶段为战后50年代,丹下提出了“功能典型化”的概念,他赋予了建筑比较理性的形式,开拓了日本现代建筑的新境界。第二阶段为60年代,此时丹下提出了“都市轴”的理论,在大跨度建筑方面做了新的探索,对城市设计产生很大影响。第三阶段为70年以后,这一时期,丹下在北非和中东做了不少建筑设计,并对镜面玻璃幕墙进行了探索。

除此之外,丹下还提出了"锁状交通系统"、"能够交流的立体建筑"等等新概念,给城市规划和建筑设计带来了新的活力。他将日本传统建筑与现代精神结合起来,在空间形态中加以创造,使建筑结构与功能完美结合,创造出打动人心的建筑。难怪有人说,丹下健三的作品是"燃烧着历史尖端的火焰"。

丹下健三代表作:

公元 1952 ~ 1957 年　东京都厅舍(Tokyo Metropolitan Government Building)

公元 1961 ~ 1964 年　东京代代木国立综合体育馆(Yoyogi Sports Centre)

公元 1966 年　山梨县文化会馆(Yamanashi Prefecture Cultural Center)

公元 1974 ~ 1977 年　东京草月会馆新馆(Sogetsu Hall)

公元 1976 年　阿尔及尔国际机场(Algiers International Airport)

园林设计大师
——劳伦斯·哈普林

现代风景园林不只是简单地营造空间,而且是将环境设计理解成一种为人类提供生存空间的神圣行为。

——劳伦斯·哈普林

1945年,美国总统罗斯福因病去世,第二年,美国国会决定建造一座罗斯福总统纪念碑。建造计划一直拖到了1960年才正式实施,这一年的1月,美国举办了国际设计竞赛,优胜者的方案将成为罗斯福纪念碑的设计。比赛吸引了来自世界各地的著名建筑师,然而,最后选出的方案却没有得到各方的一致接受,最终流产。直到1974年,这个筹备了近30年的构想终于尘埃落定,加州的园林师劳伦斯·哈普林(Lawrence Halprin)被选定为罗斯福纪念碑的设计者。因为各方面原因的阻滞,这座纪念碑到1994年才开始建造,1997年才正式建成开放。

漫长的等待迎来的是伟大的设计。哈普林为纪念碑带来了完全不同于之前的设计,或者准确地说,他所设计的不是纪念碑,而是一座纪念园。他并没有像往常的纪念碑设计一样建造一处高高耸起的统治性物体,而是建造了石墙、瀑布、灌木等一系列低矮景观,从入口往内依次是花岗岩墙体、喷泉和植物,4个空间分别代表了罗斯福长达12年的总统任期,以及他所宣扬的4个自由:就业自由、言论自由、宗教自由和免于恐惧的自由,在不同的空间,岩石和水流有着各自不同的变化。这个设计完全颠覆了以往纪念碑那种高高在上、令人敬畏的传统风格,而以一种平实亲切的设计,让人们可以参与其中,开放性的环境给了人们更多沉思的空间。

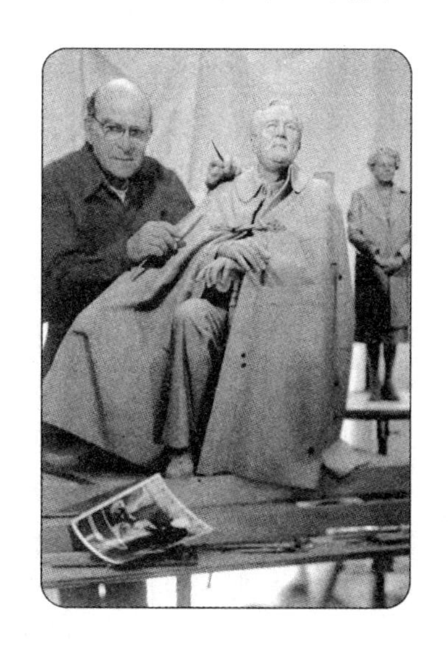

对于哈普林来说,他是第二次世界大战期间罗斯福手下海军部队的一名退役军人,罗斯福的亲切

平易给他留下了深刻的印象，也赢得了他的尊崇。正是这种尊敬，让他决定设计出这样一座开放的、鼓励人们去参与的纪念碑。他这样解释自己的设计：“所以，人们与公园中的那些雕塑的互动就很重要。人们可以透过触摸它们、感受它们、在其中漫步，或静静地守候在一旁，来追忆逝去的时光。对许多父母来说，能听孩子们朗读纪念碑上刻着的罗斯福总统的传记，是一种很重要的体验。”“我不知道环境对人们的改变有多少，不过它可以在一个很长的时间内使人们生活得更有意义。”

这种全新的设计带来的影响是哈普林也没有预料到的，因为这独特的纪念碑设计，在美国乃至全世界都引发了一场关于对“纪念”思想、意义及目的的重新思考，以及探索现代纪念性空间设计发展方向的设计革命。从罗斯福纪念碑之后，纪念碑的设计开始摆脱了传统模式，更加尊重人的感受和参与。而对更多的人来说，这座纪念碑的设计恰好符合了当时人们对民主思想的追求，它带来了一种全新的人性化、民主式纪念性空间设计理念。

作为一名园林大师，哈普林很早就开始关注自然界，他热衷于观察围绕着自然石块周围溪水的运动和自然石块的形态，并将其概念化运用到城市环境的创造中。他曾经说过：“我们有自然的神助，所有的一切美学意识皆来自自然。这些意识不但是一些绘画般的画面，同时也是生态领域的层面，你可以注意到岩石是如此完美地存在，为何？因为我们皆来自创造这美丽世界的同样的自然力量……”

哈普林园林设计最大的特征，来自于他对水和混凝土的运用。他的设计往往有典型的面貌，通过植物和引人注意的建筑物来点缀人造空间，同时，巨大的混凝

土建筑物裸露其间，吸引人悠闲漫步此地。在从早期的曲线形式发展到直线、折线、矩形等形式语言之后，他开始运用此形式引发人们的好奇，并引导人们顺着水的动态穿越空间。在吸收了野性主义的粗野之外，他又依靠自己对细部的要求，赋予了园林更人性化的一面。

劳伦斯·哈普林代表作：

公元1948年 唐纳花园(Dewey Donnell Garden)
公元1961年 柏蒂格罗夫公园(Pettygrove Park)
公元1965年 西雅图高速公路公园(Seattle Freeway Park)
公元1967年 爱悦广场(Lovejoy Plaza)
公元1970年 演讲堂前庭广场(Ira C. Keller Fountain Plaza)

开启新千年的创意
——贝聿铭

建筑的目的是提升生活，而不仅仅是空间中被欣赏的物体而已，如果将建筑简化到如此就太肤浅了。建筑必须融入人类活动，并提升这种活动的质量，这是我对建筑的看法。我期望人们能从这个角度来认识我的作品。

——贝聿铭

在《达芬奇密码》的最后，罗伯特·兰登教授走到了罗浮宫前，密码筒中的线索浮现在他脑海，“圣杯在古老的罗斯林下静待/剑刃圣杯守护她的门宅/与大师的杰作相拥入梦/漫天星光下她终可入眠”。站在玻璃金字塔旁的教授屈膝下跪，因为他终于发现了圣杯的秘密。

圣杯的存在或许只是小说家的惊世构想，但有一点可以肯定的是，如果没有一个中国人在10多年之前的惊人设计，这本小说恐怕就得重新设计它的线索了。

罗浮宫前的玻璃金字塔也许不能算贝聿铭最好的设计，但绝对是他最著名的设计。20世纪80年代，法国政府打算扩建罗浮宫，因为这座700多年的建筑有着200多间房屋，但却只有两个洗手间，而且房间之间的通道复杂而曲折，让许多参观者迷失其中。向全世界征集设计方案的消息很快传遍了全世界，无数的设计师绞尽脑汁，希望能够获得青睐，成为这伟大艺术宫殿的修改者，而贝聿铭也是其中之一。

当贝聿铭首次将自己的“钻石”设计方案提交到历史古迹最高委员会时，他得到的是毫不留情的批评：“这巨大的破玩意儿只是一颗假钻石。”不过，钻石的光芒始终难以掩盖，15个博物馆馆长受邀对所有的设计方案做最后的甄选，其中的13位都选择了贝聿铭的设计。

消息一出，全法国震惊了，大部分法国人都无法容忍他们心目中最高贵典雅的古迹沾染上不伦

不类的现代气息，90%的巴黎人都强烈反对建造这座玻璃金字塔。有人尖刻地批评贝聿铭说他“既毁了罗浮宫又毁了金字塔”，甚至还有人当面侮辱贝聿铭，认为他的行为是对法国历史可怕的暴行。

不过，贝聿铭始终坚持自己的看法，他坚信，建筑永远都是为了人而存在，罗浮宫的扩建是为了“让人类最杰出的作品给最多的人来欣赏”，所以他才设计了玻璃金字塔。

整个扩建计划耗费了整整13年的时间，这其中贝聿铭花费了相当多的精力应付那些反对他的人。为了获得法国人的首肯，他甚至建造了一个足尺模型安放在罗浮宫前，还邀请巴黎人前来观看。终于，大部分的人在亲眼见到了这座金字塔之后，同意了这惊世骇俗的设计。

时间总是能证明一切，而且这个时间并不很长。今天的玻璃金字塔已经成为了罗浮宫中最耀眼的胜景，无数的游客赶来朝拜这“飞来的巨大宝石”，透明的建筑不会遮挡住人们瞻仰罗浮宫的视线，而它简洁明快的造型恰恰与繁复厚重的罗浮宫相映成趣，用它清亮的色彩衬托着罗浮宫被时间大神涂抹上的斑驳痕迹。

历史的艺术与现代的科技如此完美地结合在一起，更让人们感觉到了建筑那鲜活的生命。有人说：“贝聿铭把过去和现代的距离缩到最小。”而更重要的是，他带给了建筑全新的眼光，改变了人们看建筑的方式。

从某种意义上说，贝聿铭是幸运的，他出生在拥有中国古老建筑精华的苏州，之后又从西方社会吸收了现代建筑的养分，最终培育出了其独特的建筑风格。

贝聿铭的设计简洁利落、合理、注重抽象形式、有秩序性。他的建筑往往通过内庭与外庭相连，让建筑与周围环境自然融合；而且，在空间的处理上，他更是独具匠心，通过对光线的巧妙运用，营造出精巧自然的环境；再次，他对于建筑材料十分考究，他喜欢用石材、混凝土、玻璃和钢等材料，并不断研究建材与技术，提升自己的建筑水平。

1988 年之后，贝聿铭不再接受大规模的建筑工程，而开始选择小规模的建筑。他做出如此决定的原因，正是出于对中国山水理想的喜爱以及对自然的回归，至此，他的建筑生涯进入到了一个新的世界。

贝聿铭代表作：

公元 1969～1975 年　美国芝加哥约翰·汉考克大厦(John Hancock Center)

公元 1982 年　北京香山饭店(Fragrant Hill Hotel)

公元 1982～1990 年　香港中银大厦(Bank of China Tower)

公元 1985 年　美国波士顿麻省理工学院媒体实验室威斯纳馆(Wiesner Building)

公元 1990 年　德国柏林德国历史博物馆新翼(Deutsches Historisches Museum)

悬崖边的舞蹈
——槙文彦

当人们进入建筑时，空间给予情绪的感染，使得人们真正地感觉到这座建筑为自己而存在，建筑的价值便由此而体现。一切设计方法不过是建筑师与人们在感觉上交流的管道而已。

——槙文彦

2001年9月11日，恐怖分子劫持了两架民航客机，撞向了纽约曼哈顿的标志性建筑——世界贸易中心。这次的自杀式恐怖袭击，将这座曾经是世界第一高楼完全摧毁，附近的5幢建筑物也受损坍塌，2 000多人不幸遇难，成为了美国有史以来最惨痛的灾难之一。

9·11事件6个月后，世贸遗址上的150万吨瓦砾才被完全清理干净。从此，这片废墟成为了美国人心中最大的伤痛，它被放置在那里，成为了关于死亡、毁灭、伤痛的记忆。

整整几年的时间，这里都是一片废墟，直到2003年，人们才开始将世贸重建的计划提上议程。其实，重建世贸中心的想法在它倒塌的第一天也许就有了，但到了今天，人们才有勇气来面对它。然而，还是有很多人反对世贸的重建，他们希望世贸中心继续以废墟的形式保存下来，作为遇难者永远的纪念；不过，更多的人支持了世贸重建的计划，他们需要一所更新的、更雄伟的大楼，展现他们面对恐怖主义的勇气和决心。

2003年，世贸中心重建方案尘埃落定，李柏斯金成为了中心的总设计师，另外三位设计师被选为了重建的建筑师，他们是理查德·罗杰斯、诺曼·福斯特和来自日本的槙文彦。按照李柏斯金的设计，重建的世贸中

心有一座缅怀园、五座大楼、一座行为艺术表演中心、一座博物馆及其他公共设施。

建造的新世贸

已经79岁高龄的槙文彦,负责设计的是四号楼。槙文彦是日本现代主义建筑大师,他的建筑风格一向简约端庄,以开放性的结构、散文式的构造方法赋予建筑多层次的内涵。按照总体规划,几座大楼的高度由自由之塔开始逐渐下降,四号楼座是最矮的一座,但是也有288公尺的高度。槙文彦设计的四号楼只有64层,是一个标准的长方体建筑,以多层的合成玻璃覆盖,展现出一种独特的金属光泽,延续了他一贯的极简主义风格。

槙文彦的设计完成后,很多人给予的评价都是“平淡无奇”,不过对设计师来说,顾及到曾经受到伤害的纽约人敏感脆弱的心也许是更重要的事,给予纽约人内心的安宁平静,显然要比一次惊世骇俗的设计要有意义的多。既然这次建筑早就被人们形容为“悬崖边的舞蹈”,至少槙文彦并没有从悬崖上跌落下去,而我们还可以期待的是,当2012年这座建筑完成时,槙文彦凝聚在建筑中厚重的人性和文化特征,会给予美国人更多的安慰和鼓励,让他们走得更好。

作为日本人,槙文彦的设计吸收了日本传统建筑模糊的功能性、空间意象的重叠性和禅宗的简洁精致,并从密斯的空间普遍性、柯布西耶的平面自由性以及新造型主义和构成主义的手法中取经,最终形成了自己独特的建筑风格。

槙文彦的设计采用散文式的构造方法,强调建筑与环境的协调,赋予了建筑人性和文化的特征，进而使其建筑具有了更多层次的内涵。他主张开放性的结构，以极强的适应性满足时代变迁的要求，强调建筑空间的意向及其在环境中的和谐。

他的建筑具有特别的层序变化、纤细的细部处理以及对行为科学的理解，理性地结合了传统东方文明和现代高科技因素，其作品虽然没有咄咄逼人的气势，却给人端庄典雅的视觉享受。

槙文彦代表作：

公元 1960 年 爱知县名古屋市名古屋大学丰田讲堂（Toyota Memorial Hall, Nagoya University）

公元 1976 年 东京都港区驻日奥地利大使馆（Austrian Embassy, Chancellery and Ambassador's Residence Tokyo）

公元 1981 年 日本富山县 YKK 客房部（YKK Guest House）

公元 1984 年 京都府京都市京都国立近代美术馆（National Museum of Modern Art）

公元 1994 年 日本鹿儿岛国际音乐厅（Kagoshima International Concert Hall）

公元 1992 年 美国旧金山 YBG 视觉艺术中心（Yerba Buena Gardens Visual Arts Center）

来自另一个星球的创意
——法兰克·盖瑞

建筑应该表达人的感受。若只将过去的记忆重视,或专注于技术上的完美,感觉上不痛不痒,并不是我认为建筑和都市重建应该走的方向。

——法兰克·盖瑞

毕尔巴鄂市历史悠久,是仅次于巴塞罗那的西班牙第二大港口城市。它始建于1300年,借助西班牙称霸海上的好时机,迅速发展成为了西班牙最重要的港口城市之一。可是到了17世纪,随着西班牙丧失了海上霸主地位,毕尔巴鄂市也随之衰败下去,就算是19世纪之时依靠铁矿出产得以振作了一段时间,但始终难以挽救颓势。1983年,突发的一场洪水更是将毕尔巴鄂市的城区严重摧毁,给城市经济带来了极大的损坏。从此毕尔巴鄂市一蹶不振,到了90年代,就算在欧洲也没有多少人知道这座城市了。

为了复兴城市,毕尔巴鄂市政府想了很多的办法,最终他们决定发展旅游业。可是毕尔巴鄂市既没有诱人的自然风光,也没有悠久的历史古迹,该如何吸引人到此旅游呢?想来想去,考虑到欧洲有着众多的艺术爱好者,他们决定建造起足以吸引游客的现代艺术博物馆。

主意既定,市政府便向古根汉基金会建议,在毕尔巴鄂市再建造一座古根汉博物馆。古根汉博物馆是由富豪所罗门·R.古根汉的私人收藏发展起来的一家博物馆。1937年,古根汉创建了一个基金会,并建立了一个博物馆向公众展示他的私人收藏,而这些艺术品大多是当时还颇受争议的印象主义、后现代主义等艺术作品，随着后现代艺术的兴盛，古根汉博物馆也成为了世界上最著名的现当代艺术博物馆之一。

古根汉基金会早就有向欧洲发展之意，得此邀约，双方一拍即合，很快将博物馆的建造列入了日程。接下来所面临的，就是由谁建造这座担负着重任的博物馆的问题了。已经建成的纽约古根汉博物馆由建筑大师赖特建造，被称为他晚年最出色的杰作，独特的螺旋形成为了吸引更多人来到博物馆的理由，为博物馆增色不少。而毕尔巴鄂市博物馆如果要成功吸引目光，建筑师的选择显得尤其重要，经过多番考察，他们想到了一个人——法兰克·盖瑞（Frank Gehry）。

当时，盖瑞的建筑风格才刚刚为人们所接受。在 1978 年之前，盖瑞只是美国一名默默无闻的建筑师，而就在这一年，他改造了自己位于加利福利亚州圣塔莫尼卡的住宅。整个房子被建成了一个翻转的正方形，而且因为缺少资金，他只能运用来自小学操场、工厂废弃物的材料，造出了波浪形的铁皮和木头框的玻璃围栏包围住房子。整座房子的造型太过奇特，被当地的居民认为是“把一堆垃圾放在了街头”，而这种古怪的建筑风格更让盖瑞的签约公司觉得无法接受，与他中止了合约。就因为这所房子，盖瑞用了好几年的时间才重新获得业务，但渐渐的，他的这种独特风格被人们所接受和认可，他也开始在世界上有了名气。

1991 年，盖瑞接受邀请，担任了毕尔巴鄂市古根汉博物馆的建筑师。整座建筑坐落在内维隆河畔，由一群外覆钛合金板的不规则双曲面体组合而成，形式完全不同于以往的任何人类建筑，钛合金在阳光下熠熠生辉，妖异而壮观。著名建筑师拉斐尔·莫尼欧在第一次看到它之后就感叹说：“没有任何人类建筑的杰作能像这座建筑一般如同火焰在燃烧。”

盖瑞天才的设计成就了这座城市，也成就了他自己。博物馆建成后，无数人赶来朝拜这座伟大的建筑，毕尔巴鄂市重新成为了人们心中的圣地；而对盖瑞自己来说，他从此开启了自己的异想建筑之旅，成为了建筑史上一个无法被抹去的名字。法兰克·盖瑞被称为“建筑界毕加索”，而他确实也和毕加索一样，有着另类独特的风格，并经过时间验证了自身的伟大。

盖瑞的建筑理念受到普普艺术及法国画家杜象的极大影响，他认为人的生活并非固定的，而相对的艺术也应该是多变而无定型的，因此他创作的空间如同流动的量体，他相信直线并非是最好的生活环境。

对他来说,"建筑即艺术。"他以绘画艺术的态度面对建筑,将自己的环境经验和内心世界呈现在建筑上。他把空间当作是一个空的容器雕塑,并考虑到会引入其中的光线、空气,以及它们对环境的照射和影响,让整体环境围绕这一空间产生适当的变化。

盖瑞永远都在打破常规,他不断在实验着,从科技、造型到材料,看上去他的建筑似乎是信手拈来的随意之作,但细品之下,却能发现其中充满着动感和流线,给人莫大的欢愉。

法兰克·盖瑞代表作:

公元 1972 ~ 1980 年　美国加州圣塔莫尼卡购物中心(Santa Monica place)

公元 1985 ~ 1991 年　美国加州 Chiat/Day 办公总部(Chiat/Day Hampton Drive)

公元 1989 年　美国洛杉矶迪斯尼音乐厅(Walt Disney Concert Hall)

公元 2000 年　美国芝加哥千禧公园(Chicago Millennium Park)

日本建筑界的切·格瓦拉
——矶崎新

反建筑史才是真正的建筑史。建筑有时间性，它会长久地存留于思想空间，成为一部消融时间界限的建筑史。阅读这部建筑史，可以更深刻地了解建筑与社会的对应关系，也是了解现实建筑的有益参照。

——矶崎新

他被人称为日本建筑界的切·格瓦拉，他的作品以"推翻"为目的，他的许多作品都是"未建成"，他以宣扬"反建筑"知名。他，就是矶崎新。

1931年，矶崎新出生在日本大分市。14岁那年，他与所有日本人一起，经历了日本史上最惨痛的灾难——在广岛、长崎爆炸的两颗原子弹将日本军国主义的梦幻彻底击碎，也给了这个青涩少年最深沉的震撼。多年之后他回忆起当年时曾感叹道："战争是一件残酷的事，城市在一瞬间破灭，即使是建筑、混凝土——诸如此类坚硬的材质，也会在刹那间被摧毁。城市如此脆弱，无论如何先进的建筑形态，最终也会被彻底摧毁。这些景象给了我很深的触动，让我在很长时间内，对建设、建筑怀有一种莫名的恐慌心理，没有经历过战争的人是不会有这种体验的。"曾经的记忆深深地镌刻在他脑海中，并让他对建筑的思考有了更深刻也更另类的内涵。

1954年，矶崎新从东京大学工学部建筑学系毕业，成为了大建筑师丹下健三的徒弟，跟随大师的日子让他很快成熟起来，他自己的建筑理论也开始渐渐成形。1963年，他成立了矶崎新设计室，开始了自己的独立设计生涯。1966年，在设计建造福冈相互银行大分县分行之后，他很快就在建筑界打响了名气，成为了与丹下健三、黑川纪章齐名的建筑师，在国际上获奖无数。

他的设计风格一直在变化着。70 年代,他抛开了导师丹下健三新陈代谢派的帽子,进入了手法主义的阶段;而到了 80 年代,他却设计出了后现代主义建筑的水户艺术馆,被冠上了"后现代主义建筑大师"的称号;到了 90 年代中期,他则开始向表现主义倾斜,给自己的作品赋予更多的未来主义色彩。

到了今天,他更为人所津津乐道的,则是他的"未建成"理论了。矶崎新认为,一个作品一旦建成,那么它的缺陷将会完全暴露出来,然后迅速被人们所淡忘,而没有建成的作品,却有着不断被挖掘、被阐释的可能性,那是更高层面上的存在。所以他认为"未建成的建筑才是建筑史"。

在矶崎新几十年的建筑生涯中,有多个模型和设计作品都是"未建成",但偏偏是这些"未建成"作品的知名度比那些建成了的更高,也更能代表矶崎新的建筑风格和建筑理念。比如他与几位艺术家合伙制成的《电气迷宫》,第一次将建筑与日本当代艺术结合起来,通过被封闭在高密度城市中人们的形象,展现了那场原子弹灾难带来的启示。地狱画、幕府末期的浮世绘、死于原子弹爆炸的尸体,都一一得到了展示,并将观众带入到那地狱般的虚幻世界。

最终,这件作品被当成了一个"艺术事件"加载史册,并对欧洲先锋派产生了深远的影响。后来的 9・11,以及阪神大地震,都被加入其中,诠释着建设与破坏的主题。

有人说,要了解矶崎新,就必须了解他的"未建成"作品。当他展现着那些建筑的虚幻,激烈地发表着"未来的城市是一堆废墟"这样的言论时,他所想告诉人们的,那其实不光是消灭,而是重生。

作为现代主义建筑向后现代主义建筑过渡中最有力的思想者和实践者,矶崎新的建筑设计始终都与众不同。

与其他的日本建筑师一样,日本传统文化和建筑风格对矶崎新影响很大,他尽力将传统信仰与西方文化结合在一起,将文化因素表现为诗意隐喻,体现了传统文化与现代生活的结合。

矶崎新多数运用简单的几何模式,建造出结构清晰的系统和大量的空间,他喜爱将立方体和格子体融入现代时尚当中,加上圆拱型的屋顶,简洁粗犷。他对光、格局、空间体积等的把握尤为出色,室内空间简洁明了,单纯的合成结构提供了较为中性的合成空间。他的设计在色彩和风格上相当大胆,具有强烈的视觉效果,除了给人视觉享受之外,更能凸显其内在意义。

矶崎新代表作:

公元1966年 日本九州岛大分国家图书馆(Oita Prefectural Library)

公元1976年 日本九州岛北岸北九州美术馆(Kitakyushu City Museum of Arts)

公元1980年 日本富士山乡间俱乐部(Fujimi Country Club)

公元1986年 路易斯安那州现代美术馆(LA Museum of Contemporary Art)

公元1990年 美国佛罗里达州迪斯尼大楼(Team Disney Building)

终身成就金狮奖
——理查德·罗杰斯

我们把建筑看作和城市一样灵活的、永远变动的框架。……它们应该适应人的不断变化的需求,以促进丰富多样的活动。

——理查德·罗杰斯

1933年7月23日,理查德·罗杰斯(Richard Rogers)出生在意大利的佛罗伦斯,不过他们一家都是英国人。他的父亲是医生,而母亲是著名的陶瓷艺术家,他的哥哥则是小有名气的建筑师。在他还很小的时候,意大利已经基本上成为了被法西斯操控的国家,为了避免被卷入政治风波,1938年,他们一家决定搬回英国。

定居英国的罗杰斯长大后,先后进入了两所传统学校求学,可是他明显对这些学校的课程没有兴趣,并很早就确定了自己的兴趣——建筑。这一切可能正是家庭遗传下来的天赋,他的伯父是意大利有名的建筑师,他的叔父曾经是一名建筑师,而他的哥哥也是建筑师,这让他在很小的时候就接触到了建筑,并发自内心地爱上了它,而来自母亲的艺术细胞则让他在建筑上有了优于其他人的灵感头脑。

最终,他按照自己的意愿进入了伦敦AA建筑学院学习,成为了史密斯的学生。史密斯是新野兽派基金会的创办人之一,这个组织的目标主要是推广建筑界的革新运动,在设计中清楚、明白地展现独特的风格。史密斯的观念极大地影响了罗杰斯,让他学到了许多全新的理念,也渐渐形成了自己的独特风格。之后,罗杰斯又进入了耶鲁大学学习,并得到机会跟随着赖特等建筑大师学习和工作。毕业之后,罗杰斯与朋友成立了自己的工作室,并很快以高技派设计闻名。

罗杰斯的设计风格除了吸收建筑大师的经验之外,更多是来自于自己的生活。刚来到英国,他就发现,英国人很少穿颜色亮丽的衣服,大多是黑、白、灰等

色,“比如我常喜欢穿着柠檬色的毛衣,舒适地坐在咖啡馆里。但大部分英国人看见我的毛衣颜色,感觉很不舒服。我不明白人们为什么都穿黑色、灰色和白色。”英国黯淡的色彩让他很是不习惯,于是在以后的设计中,他往往使用大量的亮色和暖色,比如蓬皮杜艺术中心的表面,交通运输系统被设计成鲜艳的红色,空调做成蓝色,排水系统是绿色,而电气管道则是黄色,琳琅的色彩配上裸露的表面,营造出独特的氛围。

同时,罗杰斯的作品还十分注重和公共空间的对话。他的岳母年事已高,因此很少出门,却最喜欢坐在家门口的台阶上看着人来人往,从岳母身上罗杰斯发现,人类从心底深处是渴望与人交往的,因此他断言:“每个人都应该能够拥有这样的生活,每间房子都应该有开放的台阶、门廊或者露台,让人和世界没有阻隔。”而他自己也是如此,他从来不喜欢一个人,而更乐于到人群中去找人聊天,街头或广场都是他喜欢的场合,在这种地方更能激发他的灵感,更加让他全神贯注地工作。正是出于自己这种对交流的渴求,在设计时他更多的是设计出开放的空间,提供给人们更多的交流环境。

尽管至今还不是所有人都接受了罗杰斯的设计风格,但这位 70 多岁的老人并不介意,就像他的蓬皮杜艺术中心,在完成的过程中受到了整整 6 年的批判也没能改变他的想法一样,罗杰斯始终坚持着自己的风格。

作为高技派的代表人物,罗杰斯被认为是继伦佐·皮亚诺、诺曼·福斯特以后第三位以擅长在建筑中极力表现技术美为特征的普立兹克建筑奖得主。他擅长表达技术形态之美,对技术的艺术化内容加以深化,进而让技术给人审美感受。

罗杰斯认为,优秀的建筑设计可以显示和引领社会内涵。在他看来,建筑应该和城市完美交融,建筑本身则应该最大限度地利用太阳能、自然通风和自然采光，营造一种舒适的、低能耗的生态型建筑环境。

在罗杰斯手中，就算只是一根钢架、一组设备管道，也会被他点石成金，成为一种艺术。他准确把握着现代高科技发展中建筑艺术的变化，将现代科技升华到了艺术审美层面上的高度。因为对技术的超强掌控力，他的作品有着强烈的视觉冲击效果，给人深刻而独特的审美感受。

理查德·罗杰斯代表作：

公元 1972 年 法国巴黎蓬皮杜中心（Le Centre national d'art et de culture Geroge Pompidou）

公元 1976 年 波尔多法院（Bordeaux Court）

公元 1997 年 马德里巴拉哈斯机场（Aeropuerto de Madrid-Barajas）

公元 1998 年 比利时安特卫普法院（Law Courts, Antwerp）

公元 2000 年 英国伦敦千禧巨蛋（The Millennium Dome）

与自然共生
——安藤忠雄

建筑是提出某些问题之后的一连串挑战。通过建筑，我将自己的意志传达给社会，克服遇到的一切困难。在挑战的过程中感受到的张力，正是我生存的力量。对我来说，唯有建筑才是参与社会最有效的方法。

——安藤忠雄

上世纪80年代末，为了满足关西地区日益加快的城市化进程的需要，日本政府决定在大阪建设一座国际机场。因关西人口众多，土地稀少，最终机场的建设选择了填海造地的方式，而填海所用的砂土，全部是从大阪西南面一个叫做淡路的小岛上的小山中挖来的。

因为长期的挖掘，淡路岛上的植被和土壤遭到了严重的破坏，满目全是焦黄的岩石和因机器挖掘而变得陡峭尖锐的斜坡，曾经的森林变成了废墟。1992年，这片土地的所有者青木建设与三洋电机决定整修它，将它修建成一座高尔夫球场，于是，他们请来了日本大建筑师安藤忠雄，希望能够在此地建造出一座高尔夫球俱乐部。

安藤忠雄很快就应邀来到了淡路，他看到的是，经过无度挖掘后的一片惨淡废墟，遍地荒凉。现代化建设给大自然带来的摧残让他异常痛心，他坚信，淡路为关西国际机场付出了这么多，它值得更好的回报。于是，他找到了土地的所有者，说服他们放弃了高尔夫球场的计划，同时由日本政府出面买下了这片土地，开始了“回归自然”的淡路重建计划。

这就是“淡路梦舞台”计划。计划在政府的支持下开始进行了,起初,日本政府给了安藤 3 年的时间进行建设,但是他说:“不,我需要 8 年的时间。”在 8 年中的头 5 年,安藤什么也没有做,除了种树。他不断地种树、种树,直到所有裸露的土地都被种上了树苗。然后,安藤安静地等待着,等待着黄土重新被绿色所覆盖,对他来说,只有重新被绿色的自然包围着的淡路,才是他所追寻的淡路。

5 年的时间里发生了很多事。1995 年,神户发生了一场大地震,震央就在淡路岛附近的海域,6 000 多人在地震中丧生,而断层线正好切过梦舞台的基地,使之倾颓。面对着这场悲剧,安藤却更加坚定了他重建“自然淡路”的信心,他修改了设计图,号召一般市民投入到绿化植树的行动中来,用积极的行动昭示着日本人万众一心、对抗灾难的决心。

5 年的植树生涯过去了,当年的小树苗有些已经长成了茂盛的绿荫,淡路重新被绿色所覆盖,安藤忠雄也正式开始了梦舞台的建设。现在,他有了新的点子,那就是在圆形剧场的大水池中铺上 100 万片贝壳。在靠海的日本,扇贝是一种很常见的食物,因此收集贝壳并不是一件难事,不过,安藤拒绝了向餐馆收集贝壳的想法,而是选择了向全日本的民众征集贝壳。他相信,当所有人都投入到收集贝壳的行动中时,他们对淡路的感情会更深,而也只有这样,淡路梦舞台才算是真正的回归自然、回归生活。

100 万片贝壳很快就从日本各地来到了淡路。如今,它们静静地躺在喷泉池底,等待着众人的俯视和赞叹。

当一切尘埃落定，安藤用最繁华的方式结束了他的设计，他设计了“百段苑”，在梦舞台后的山坡上，有一百个大小一致的方形花坛，数不清的灿烂花卉各自盛放，用最最艳丽也最最繁华的容颜，宣布了淡路的重生。

安藤忠雄被人称为“清水混凝土诗人”，因为他的建筑简洁、宁静，贴近自然，给人温和平静的心态，恰如清水混凝土那朴实自然的外观带来的本质美感。

正如清水混凝土那与生俱来的厚重与清雅是一些现代建筑材料无法效仿和媲美的一样，安藤忠雄建筑中的自然与自在也是他不可被复制的魅力所在。从雕塑家伊萨姆·诺古奇那里，他学到了“不要扼杀素材，不要扼杀自然”的工作态度，找到了属于自己的建筑语言。从光之教堂开始，他将大自然中的水、风、光等元素都纳入到他的设计中来，营造出了自然灵动的建筑风格。

安藤认为，所有的建筑都必须具备以下三个要素：

1. 可靠的材料。材料可以是纯正朴实的水泥，或未刷漆的木头等物质。

2. 正宗完全的几何形式。安藤忠雄热爱简单的形式，尤其喜爱几何形体，他的设计是一组有个性的空间序列，依照光线的变化而变化，并通过循环空间相互关联。

3. 自然。这里所指的并非是原始的自然，而是人所安排过的一种无序的自然或从自然中概括而来的有序的自然。

安藤忠雄代表作：

公元 1975 年　住吉的长屋(Sumiyoshi's Nagaya)

公元 1989 年　日本大阪光之教堂(Church of Light)

公元 1988 年　日本北海道水之教堂(Church on The Water)

公元 1997～2002 年　美国沃斯堡现代美术馆(Modern Art Museum of Fort Worth)

公元 2001～2003 年　皮诺基金会美术馆(Franqois Pinault Foundation for Contemporary Art)

瑞士建筑大师
——马里奥·博塔

你可以把一间房子看成是一件你随时随地可以更换的衣服,但你更应该把它视为我们记忆中的一部分。在我看来,一间房子承载着一个地区的理念,一个地区的根源和记忆。一间房子不是一个流动的家,也不是一座雕塑,它并不只是简单地矗立在大地上,而是应该生长在符合它的特质、拥有它历史的土地上。所以一间房子不单单告诉你一个地区的地理特征,它还讲述着那个地区的历史。

——马里奥·博塔

马里奥·博塔(Mario Botta),当代建筑艺术家,出生于瑞士南部的一个小州郡。阿尔卑斯将这个城市与瑞士的其他地方隔开,成为一个世外桃源,而博塔的大量作品都分布在卢加诺这个特殊的地方,这个在政治上属于瑞士、在文化上却属于意大利的地方,不过正是这种冲突,才孵化了一位杰出的艺术家。

博塔的一生充满了传奇,际遇非凡。小时候他就讨厌学校里的制度化生活,15 岁那年他离开学校,到了卡罗尼和卡门希的工作间里做绘画员。在那里,他先天的绘画天赋展现了出来,成为了他在建筑界立足的基础。当了 3 年的绘画员后,他成了学徒,并且获得了生平第一次的设计机会,当时村里有条路要扩宽,他被任命负责房屋的重新规划。自此开始,他终生都保持着兴奋和热情投身于建筑设计中。

1961 年,他离开了工作间,去了米兰艺术学院。毕业后,他又踏上了去威尼斯的旅程,并就读于意大利建筑学校,这个学校以尖端先进的理论和反对现代技术的运用而闻名。从 1964 年到 1969 年,他一直待在威尼斯,在此期间,他有幸能够接触到了许多建筑界的大师,比如柯布西耶、路易斯·康和卡洛·斯卡帕,其中有一位还是他的老师兼论文指导老师。他后来津津乐道于这段经历,曾回忆说,在他们3位严师的教诲下，他不做好都很难。

那个时候，他在老师柯布西耶的工作室工作，并负责一家医院的设计。不幸的是，工程刚刚开始，柯布西耶就过世了，但是柯布西耶给他的影响却伴随了他一生。他尊称柯布西耶为建筑界的活历史书，而柯布西耶主张的理想中的现代建筑应该与社会融为一体的观念，也对博塔的建筑理念起了很大的影响。

1967年，当他设计的医院对外展出时，他接受了新的工作，为他的一个朋友在提契诺的房子做设计。当时他还是一年级的学生，但已经有着自己独到的建筑见解。这间房子展现了人与自然之间的对比，在这件作品中，他运用了在柯布西耶那学到的光的使用、空间的组织、暴露的混凝土结构的表达方式等知识。

直到1969年，他才有机会和路易斯·康亲密接触，当时他正在公爵宫的新餐厅安装他设计的作品。他后来回忆说，与路易斯·康的交往对他有非常大的影响，路易斯·康一边尽力帮助他完成展出，一边帮他完成设计。这里面还有一段小插曲，他们在沟通上有点小问题，一个说意大利语，一个则说英语，他们不得不借助一个翻译来传达各自的思想，但这一点也不妨碍他们在建筑上的交流。路易斯·康聪明过人，他能够领悟任何建筑物的本质，并且能够清晰地解释一个问题的目的，并对它进行挖掘，这给人留下深刻的印象。他经常问，这个建筑应该成为什么样子呢？在与路易斯·康的交往中，博塔自己找到了答案，关键不在于你想要什么，关键在于你通过对事物的感知，你该做什么。

斯卡帕是他学习期间的最后一位老师，向他展示了现代建筑的革命，教授了他通过内心来感受材料，感受它们的组成以及表达方式的差异。斯卡帕对结构的敏锐以及对材料细节把握的智慧，给了他哲学上的启发，使得他对于在以后作品中用到的任何一样材料，乃至是最微不足道的细节都包含着无尽的心血。

毕业后,博塔回到瑞士成为了一名设计师,他将3位老师的影响以及自身的领悟带到了他的祖国,最终孕育出了属于自己的建筑风格,而他的每一件作品,都包含着强烈的师生之情,以及人文、伦理的精神。

作为提契诺学派的主要代表,博塔的作品根植于意大利理性主义和欧洲现代主义之上,他将欧洲严谨的手工艺传统、历史文化的底蕴、提契诺的地域特征与时代精神完美地表现在建筑上。

跟着3位老师的学习,让博塔获得了深厚的建筑理论修养。他深入研究了众多的建筑风格,古希腊的柱式理论如多立克风格、爱奥尼亚风格以及科林斯风格等古老的建筑风格,给了他启发,使他从中获得了色彩、材质、原料及结构方面的构思。而这一切,也就奠定了他后现代古朴风格的基础。

博塔的建筑重视其与环境的关系,他能够根据不同的环境展现出建筑的不同风格特征。其关于建筑原型的重新诠释、重塑场所的理念、形式原则和建筑语汇的运用、有机统一的城市体系、历史传统的延续性,以及建筑的隐喻性和象征性等等建筑思想和设计手法,都具有极其鲜明的原创性和独特性。

马里奥·博塔代表作:

公元1973年　瑞士提契诺桑河住宅区(Casa Riva san Vitale)

公元1982年　瑞士提契诺波罗尼住宅(Casa a Origlio, Ticino)

公元1992年　美国纽约圣约翰教堂(Mogno Church Mogno)

公元1993年　瑞士巴塞尔博物馆(Museum Jean Tinguely Basel)

公元1994年　美国旧金山现代艺术博物馆(SF Museum of Modern Art)

建筑界“女魔头”
——萨哈·哈蒂

我想成为这样的建筑师,让建筑和在城市里生活的人连接起来。

——萨哈·哈蒂

在建筑界,萨哈·哈蒂(Zaha Hadid)无疑是个响亮的名字,因为她是个女人,也许还因为她个性嚣张、言谈出位,更因为她是有史以来最年轻的普立兹克建筑奖的得主,也是这个奖项唯一的女性得主,同时她还获得了《福布斯》杂志评选的“英国最具影响力女性第三名”(排名仅次于英国女王和伦敦证券交易所首席执行长)。总而言之,正是这个女人,创造了建筑界的一个传奇。

1950年,哈蒂出生在伊拉克首都巴格达的一个富裕家庭。50年代的伊拉克是个严格遵奉伊斯兰教的国家,在那里,女人只是男人的附庸,她们很少被允许出外工作,而只能在家里照顾孩子,她们更需要担心的是丈夫会不会纳妾或离婚。在这样的环境下,女人的一生似乎已经再也没有什么可期待的了,不过这样的生活显然不适用于哈蒂。

11岁时,哈蒂父亲的世交带着自己的儿子前来拜访,而这个儿子恰好是个出色的建筑师。客人走后,哈蒂的父母还长久地提到这位世交之子,语气中充满了赞美和羡慕。父母的态度给哈蒂留下了深刻的印象,年幼的她下定决心,要做一名让人尊敬的建筑师。

这个愿望并非一时起意,而成为了她深深埋在心中的信念与理想。幸好,她有一对开明的父母,在巴格达和瑞士读完修道院学校后,她又在贝鲁特美国大学取得了数学学位,然后,她依照自己的愿望,进入了伦敦建筑联盟学院学习。

伦敦建筑联盟学院培养了许多优秀的建筑师,像是雷姆·库哈斯、丹尼尔·李博斯金德、威尔·艾尔索普和伯纳德·曲米,而对哈蒂来说,最重要的是她遇到了对她一生产生了重大影响的人——雷姆·库哈斯。在导师的引导下,她发展出了属于自己的建筑理论,才能在日子中累积,等待着某一天一飞冲天。

维特拉消防站

1979 年,一直都只做建筑理论和学术研究的哈蒂设计了她的第一座公寓,因为她的同行们嘲笑她只会纸上谈兵。初次出手,她的设计就得到了英国建筑设计的金质奖章,从此,哈蒂一发不可收拾,开始了她充满想象力和灵感的建筑生涯。她的设计打破了古典形式与规则的限制,她将天花板、直角重新组合,构成了一种多重透视点和片段几何形的“全新流动型空间”。

真正让她成名的作品,是她 1993 年为德国莱因河畔魏尔镇维特拉办公家具集团设计的一座消防站,充满幻想和超现实主义的风格让她蜚声国际。不过,身为建筑领域少有的女性,她并没有那么顺利。1994 年,哈蒂获得了英国威尔士卡地夫湾歌剧院设计方案的一等奖,但是,仅仅因为她是个有着不同肤色的异族女人,当地民众就反对采纳她的设计,最终否定了她的努力。这件事给了她很大打击,但她最终还是振奋了起来,重新投入到自成一派的建筑设计中。

对她来说,坚持自己的主张,与保守思维相抗衡,已经成为了她必须要实行的一件事,她说:“我可以很自信地说我给人们的生活带来了惊喜和挑战,我希望人们都能够敞开自己去迎接未知的东西。”

埃达·赫克斯特布尔说:“哈蒂改变了人们对空间的看法和感受。”正如大家为她冠上的解构主义之名一样,哈蒂一直坚持着用自己的努力创造出全新的艺术世界。

被称为解构主义大师的哈蒂,一向以大胆的设计而闻名。她以“打破传统建筑空间”为信条,作品看似平凡,实则以大胆的空间运用和几何结构出彩,反映出都市建筑繁复的特征。

哈蒂是经营空间景观的高手，她能够结合机能与空间逻辑，创造出令人赞叹的作品，她富有创造力，摒弃了现存的类型学和高技术，并改变了建筑物的几何结构。同时，她喜欢在不同空间中单独使用白、绯红、黑色和灰色的色调，这些色彩在光的投射下更显扑朔迷离，增添了造型与空间的神秘色彩。

此外，哈蒂还热衷于运用盘旋手法。盘旋的空间结构营造出流动、蜿蜒的景观特征，演变为一种似动非动的视觉状态，创造出独特而奇妙的室内空间。

对哈蒂来说，打破常规已经不再是她的目的，她所追求的，是打破自己曾经的创造，在每一次的设计里，重新发明每一件事物，所以她说："我自己也不知道下一个建筑物将会是什么样子。"

萨哈·哈蒂代表作：

公元 1978 年 美国纽约古根汉博物馆（Solomon R. Guggenheim Museum）

公元 1988 年 美国纽约现代艺术博物馆（The Museum of Modern Art）

公元 1991～1993 年 德国维特拉消防站（Vitra Fire Station）

公元 1994 年 美国哈佛大学设计研究生院（Harvard University Graduate School of Design）

公元 1998 年 美国辛辛那提罗森塔尔现代艺术中心（Art Center, Cincinnati）

中国第一部官方建筑典籍——李诫与《营造法式》

臣考阅旧章，稽参众智。功分三等，第为精粗之差；役辨四时，用度长短之晷。以致木之刚柔，而理无不顺；土评远迩，匠而力易以供。类例相从，条章具在。研精覃思，故述者之非工；按牒披图，或将来之有补。

——李诫

李诫，字明仲，北宋河南管城（今郑州）人。李诫出生在一个官僚世家，他的曾祖父曾任尚书、虞部员外郎，官至金紫光禄大夫，祖父曾任尚书、祠部员外郎、秘阁校理，官至司徒，父亲为龙图阁直学士，官至大中大夫、左正议大夫，皆官居高位。

元丰八年，宋哲宗登基，李诫的父亲李南公借机为他捐了一个小官——郊社斋郎。后来他调到济阴县任县尉，因除盗有功，被升迁为承务郎，后又调入将作监任职。将作监专职掌管宫室建筑，有时河渠的治理和道路的修建也由他们负责，并且，将作监不但需要领导具体的建造专案，还要负责制订国家的建筑管理政令，为皇家储备必要的人力、物力，并要向工匠们传授技艺，工作繁复。

入将作监之后，李诫开始正式接触到建筑工艺。他幼时便博学多才，尤以书画出色，还曾得皇帝索画，因此建筑中图

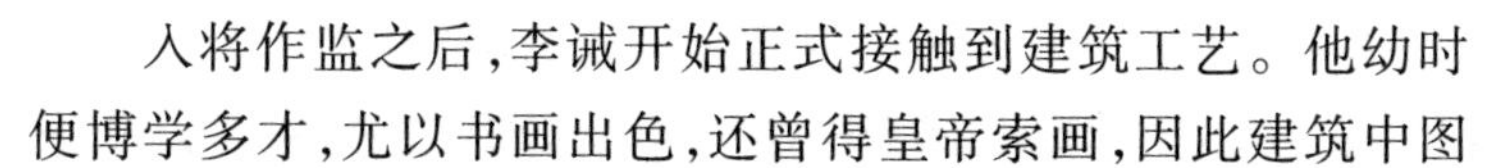

样的绘制对他来说易如反掌，这也让他迅速了解到了建筑的基本规章，成为一名优秀的建筑师。在将作监的5年任期中，他先后完成了许多出色的建筑，所修的宫殿“山水秀美、林麓畅茂，楼观参差”，是难得一见的皇家园林。而他也因此步步高升，升迁16级，官至中散大夫。

北宋晚年，政治腐败，皇家多贪于淫乐，宫廷生活日渐奢靡，王公贵族大肆修建园林府邸，攀比成风。更有官员工匠在建造过程中肆意挥霍浪费，大谋私利，贪官污吏虚报冒领，为一己之私，故意以昂贵原料建造，更时时推倒重来，以求换取

更多私利，严重时竟弄得数百项工程无法完工，《汴京遗迹志》就有记载玉清召应宫“两千六百二十楹，制度宏丽，屋宇少不重程序，虽金碧已具，必令毁而更造，有司莫敢较其费”，最终弄得国库逐年空虚，亏空严重。

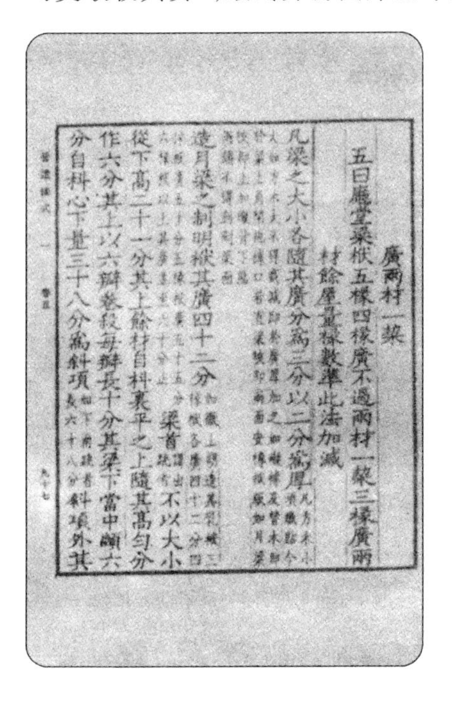
廣兩材一栔
五曰廳堂梁栿五椽四椽廣不過兩材一栔三椽廣兩
材餘屋量椽數準此法加減
凡梁之大小各隨其廣分爲三分以二分爲厚
造月梁之制明栿其廣四十二分 梁首 不以大小
從下高二十一分其上餘材自枓裏平之上隨其高勻分
作六分其上以六瓣卷殺每瓣長十分其梁下當中顱六
分自枓心下量三十八分爲斜項 斜項外其

1068 年，宋神宗招王安石入京，变法立制，力图富国强兵，改变贫弱现状。而王安石在种种变法主张中还有一点，就是令将作监编写《营造法式》一书，以便限制建筑工程成本，加强对官办建筑行业的管理，保障政府财力。

将作监用了 20 年时间，于 1091 年完成了《营造法式》一书。然而，此书“工料太宽、关防无术”，对于用材的规定并不明晰，无法起到预期的管理作用，所以到了 1097 年，宋哲宗再次颁下命令，命李诫重新编修此书。

此时的李诫，已经是一名经验丰富的建筑师了。接到皇命，他找来了当时京城中最好的工匠，与他们详细研究，收集了大量当时实际工程中沿用的经验，写成了新的《营造法式》。书中记载了详细而清晰的宋朝建筑理论，条理清晰、制度科学、图样详尽，甚至还涉及到了材料力学、化学、工程结构学、测量学等诸学科领域，成为中国古代少有的建筑学代表作。

此书既成，很快便得皇帝法令，颁行全国。它全面地反映了北宋时期中国建筑行业的科技水平，也成为了宋朝之后指导营造活动的权威性典籍，无怪乎有人赞叹它说：“能罗括众说，博洽详明深悉，夫饬材辨器之义者，无逾此书。”

《营造法式》共分 36 卷，涵盖了当时建筑工程以及和建筑有关的各个方面，书中对当时和之前工匠的建筑经验进行了总结，并加以系统化、理论化，提出了一整套木构架建筑的模数制设计方法，是中国古代建筑科学技术的一部百科全书。

本书主要分为 5 个主要部分，即释名、制度、功限、料例和图样，共 34 卷。第 1、2 卷是《总释》和《总例》，考证了每一个建筑术语在古代文献中的不同名称和当时的通用名称，以及书中所用正式名称。总例是全书通用的定例。第 3 至 15 卷是壕寨、石作等 13 个工种的制度。第 16 至 25 卷按照各种制度的内容，规定了各工种的构件劳动定额和计算方法，各工种所需辅助工数量，以及舟、车、人力等运输所需装卸、架放、牵拽等工额。第26至28卷规定各工种的用料定额。第29至34卷是图样，包括当时的测量工具、石作、大木作、小木作、雕木作和彩画作的平面图、断面图、构件详图及各种雕饰与彩画图案。

《营造法式》一书制订和采用了模数制，是中国建筑史上第一次明确模数制的文字记载，它总结了大量技术经验，记载了北宋时期各种建筑的建造方法，对了解中国古代建筑艺术，起着极其关键的作用。

李诫代表作：

宋徽宗年间，北宋皇宫龙德宫（河南开封）

北宋东京内城朱雀门（河南开封）

北宋东京内城景龙门（河南开封）

九成殿、太庙、开封府廨、钦慈太后佛寺

造园大师
——计成

古公输巧，陆云精艺，其人岂执斧斤者哉？若匠唯雕镂是巧，排架是精，一架一柱，定不可移，俗以『无窍之人』呼之，其确也。

——计成

世所公认，明清有四大造园大师：张涟、张南阳、计成和李渔。其中，计成于崇祯四年所著《园冶》一书，是中国最早和最有系统的造园著作，也是世界造园学的最早著作。

计成，字无否，号否道人，江苏吴江县人。自幼时起，计成便以绘画才能闻名乡里，“少以绘名”、“最喜关仝、荆浩笔意，每宗之”。出色的绘画才能为他以后的造园生涯打下了坚实的基础，相较一般的工匠，他更善于将书画艺术融入园林设计中来。而且，计成还有一个爱好，那就是出游。他年少时就周游燕楚，行遍大江南北，见识了各地不同的风光景致，各种景物都了然于胸，使得他在造园之时运用纯熟，自然写意。

计成游历多年，遍览名山大川，直到中年才回到镇江定居。江南繁华之地，名士富贾众多，为了炫耀财富，或自表风雅，造园之风大盛。计成在此，见颇多园林匠气十足，工匠手艺欠佳，不免技痒。正在此时，友人吴玄谈起想造一座园子，计成便毛遂自荐，愿为吴玄造园。

此时是天启三年，计成已经是42岁的中年人了，而之前他更是从未建造过园林，但这东第园一经修成，立刻引起了轰动。此园造得“宛若画意”而“想出意外”，“此制不第宜掇石而高，且宜搜土而下，令乔木参差山腰，蟠根嵌石，宛若画意；依水而上，构亭台错落池面，篆壑飞廊，想出意外”。自然风光被巧妙地浓缩于小小园林当中，再加上绘画艺术中的构图法被运用到园林艺术中来，使得自然天成的景色更多一份飘逸。更令人惊叹的是，当时人往往以形状奇巧的石头点缀为山，但计成则认为，叠石须遵照真山形状，达到以假乱真之效，而他所修建的假山，竟让看到的人都以为是真，无一怀疑是假。难怪吴玄得意的说：“江南之胜，唯吾独收。”

东第园建成后，计成一举成名，成为了时人争相邀约的造园大师。此后，计成又应邀为阮大铖建造了寤园，为郑元勋建造了影园，两座园子皆有鬼斧神工之妙，为时人所激赏。寤园建成之后，曹元甫受邀前来游赏，见到园中绝妙景色，赞之："以为荆、关之绘也，何能成于笔底?"于是力主计成以文字记载下自己的造园心得，传之后世。

计成听闻此建议，大为心动，便潜心著述，终于于崇祯四年，完成了自己的心血之作——《园冶》。可惜的是，因此书的刊行资助者阮大铖背明降清，为时人所不齿，使得人们尽皆不愿提起此书，甚至因计成为阮大铖造过园子，在讲到这些园林时，也不提起计成之名，使得这本重要的著作，始终无人问津，湮没无闻。

直到 1921 年，日本的造园专家本多静六博士见到此书，惊讶于该书无与伦比的价值，将之传播推广开来，至此，计成和《园冶》的大名，才重新回到了人们的视线当中。

在《园冶》一书中，计成分别从整体的设计理论和具体的施工细节上阐述了关于建筑的理论。《园冶》共分三卷，一卷为兴造论，园说及相地、立基、屋宇、装拆；二卷栏杆；三卷门窗、墙顶、铺地、掇山、叠石、借景。其主要观点有：

1. 真假论。他提出，不可以对自然景物一味肤浅模拟，只有当对自然有了深刻本真的认识，才能创作出“虽由人作，宛自天开”的灵秀园林。

2. 虚实论。园林设计要虚实相生，由实到虚，由形到意，创造出能够让人从有限的景观中体会到无尽的自然之美的意境。

3. 春秋论。园林设计要懂得利用自然变化中的天气，在相同的空间中营造出不同的景色，创造出多变的空间环境，创造出“四时之景不同”的变化美。

4. 实借论。园林设计不仅要有建筑师的设计，还要懂得利用早就存在的周围环境和现成景观，将两者巧妙结合起来，方能“精而合宜”。

计成代表作：

江苏常州，为吴玄修建东第园

江苏真州，为汪士衡修建寤园

江苏扬州，为郑元勋修建影园

江苏南京，为阮大铖修建寤园

古都的恩人
——梁思成

建筑师的知识要广博，要有哲学家的头脑，社会学家的眼光，工程师的精确与实践，心理学家的敏感，文学家的洞察力……最本质的应当是一个有文化修养的综合艺术家。

——梁思成

1898年，因变法失败，梁启超逃亡日本，在东京定居下来，1901年，他的大儿子梁思成出生了。逃亡的生活清贫动荡，梁思成跟随父亲辗转于东京、横滨和神户等地，过着艰难的日子。不过，生活虽然艰苦，日子里还是有着不少的乐趣，梁思成最高兴的，就是父亲带着他观赏日本的古迹。古色古香的建筑给他留下了深刻的印象，而让他印象最深的，就是奈良的法隆寺了。法隆寺是世界著名的寺庙，

法隆寺

木结构建筑凝重又轻盈,是古代建筑的典范。更让梁思成念念不忘的,是父亲买来了一只乌龟让他放生,而且正值大殿重修,父亲还花了一元钱将他的名字刻在大殿的一片瓦上。这时的他还不知道,40年后,正是他挽救了可能降临到这座古刹上的灾难。

第二次世界大战时期,北平沦陷之后,梁思成为了抵制"东亚共荣协会"的拉拢,带着妻子林徽音辗转来到了四川南溪,在此地居住了下来。然而没有多久,梁思成就收到了一封电报,电报上说,林徽音的弟弟林恒在对日空战中不幸阵亡,通知亲人前去收殓。林徽音当时卧病在床,梁思成不敢告诉她这个噩耗,瞒着妻子独自去了成都。

一路上,眼见的都是惨状。日军频繁轰炸重庆,整座城市几乎成为了废墟,人们四散奔逃,但大多数人都倒在废墟之中,再也无法醒来,到处是鲜血和残肢,妻离子散的哭泣时时在耳。当见到妻弟的尸体,悲愤的梁思成再也忍不住了,他指着头顶呼啸而过的日本轰炸机,愤怒地说:"多行不义必自毙,总有一天会看到炸沉日本!"

1945年,美国的"地毯式轰炸专家"鲁梅将军被调到了太平洋战场,奉命集中轰炸日本。盟军司令部特地请来了梁思成,希望他制作一份详细的地图,将沦陷区的古建筑都标注出来,以便在轰炸时避开它们。得此任务,梁思成非常兴奋,他日以继夜,赶制出了详细的地图,将所有需要保护的文物都用红圈标出。

然而,在得知了盟军的轰炸计划之后,梁思成又陷入了新的担忧。盟军要轰炸的日本地点包括了奈良和京都,他很清楚,这两处地方拥有众多的古代建筑珍品,一旦炸毁,将是人类历史上不可挽回的损失。日本人犯下的罪行虽历历在目,但痛定思痛,所有的古建筑并不仅仅是一国之物,而是属于全人类的瑰宝,他实在不忍文物遭损,思及此处,他下定决心,要保护日本古建筑。

梁思成很快赶到了重庆的美军总部,求见布朗森上校。在布朗森上校的办公室,他发现桌子上随意摆放着一尊无头雕像,而玻璃柜里也摆放着一尊,只不过这尊雕像完好无损。柜子还特意上了锁,可见主人非常珍视。梁思成端详一会儿,忍不住指着无头雕像说:"其实,柜里的雕像虽然完整,但艺术价值却不如这尊。"

布朗森上校听闻此言,忙问他为什么。梁思成说:"古希腊的雕塑家非常注重整体美。你看这尊女神雕像虽然没有头部,但身体各部分完全合乎人体结构的比例,自然生动,彷佛能感觉到肌肉和血管的活动。可是那一尊,虽然形体完整,却缺乏力的表现,这正是艺术之大忌!"

听到这里,布朗森立刻起身赞叹道:"梁先生学贯中西,不愧为建筑艺术大

唐招提寺

师。"梁思成笑笑,说:"如果上校还认同我的鉴赏能力,能不能答应我一个请求?"布朗森忙问:"什么请求?"

梁思成立刻打开了随身的地图,指给布朗森看。"这是奈良,这是京都,这儿有许多建筑珍品,应避免轰炸……"

布朗森听了,皱着眉头说:"要是按照您说的办,那我们简直难以投弹了。这是战争时期,请不要感情用事。"

梁思成看着他,认真而严肃的说:"要是从我个人感情出发,我是恨不得炸沉日本的。但建筑绝不是某一民族的,而是全人类文明的结晶。像奈良的唐招提寺,是全世界最早的木结构建筑之一,一旦炸毁,是无法补救的。"

布朗森沉默了。良久,他开口说:"您说的有道理。我会把您的建议禀报给将军,但现在是战争的关键时期,我不能保证……"梁思成激动地说:"请务必禀报上去,越快越好。"

报告很快交到了将军手中。这方面的报告已经不是第一次递交上去了,但都没有梁思成的报告如此清楚明白,带给人如此震撼。终于,将军接受了梁思成的请求,在大轰炸中避开了拥有众多珍贵建筑的奈良和京都。

让梁思成超越国仇家恨的原因,无疑是他对于古建筑那发自内心的珍视,就

凭这一点，他就无愧于建筑大师的称号。

梁思成一生最大的成就，就在他对中国古代建筑史的总结和归纳。他实地考察了中国流传下来的古代建筑，并对宋《营造法式》和清《工部工程做法》进行了深入研究，最终总结出了《中国建筑史》一书，这本书将中国的传统建筑形式转化到西方建筑的结构体系上，形成了带有中国特色的新建筑，也是中国第一本古代建筑总结性著作。

另外，梁思成在建筑理论上倡导古为今用、洋为中用，他对中国现代城市发展和城市规划的理论，奠定了中国现代建筑的基础。此外，他还积极投身于文物建筑的保护工作，保存了相当多的古代建筑，为后人留下了宝贵的物质财富和精神财富。

梁思成代表作：

公元 **1949** 年　中华人民共和国国徽

公元 **1949** 年　北京天安门广场人民英雄纪念碑

完成于公元 **1963** 年　江苏扬州鉴真和尚纪念堂

建于公元 **1932** 年　北京北京大学宿舍

建筑诺贝尔奖
——普立兹克奖

今天是一个特别的日子,能够获得这个奖项我感到由衷的高兴和自豪。然而在某种程度上来说接受这项荣誉是一种考验的。我觉得自己像一个即将参加考试的学生,这一刻让我想起了以前。

——阿尔多·罗西

“我们之所以对建筑感兴趣,是因为我们在世界上建了许多饭店,与规划、设计以及建筑营造有密切的联系,而且我们认识到人们对于建筑艺术的关切实在太少了。作为一个土生土长的芝加哥人,生活在摩天大楼诞生的地方,一座满是像苏利文(Louis Sullivan)、赖特(Frank Lloyd Wright)、密斯(Mies vande Rohe)这样的建筑伟人设计的建筑的城市,我们对建筑的热爱不足为奇。1967 年我们买下了一幢尚未竣工的大楼,作为我们的亚特兰大凯悦大酒店。它那高挑的中庭,成为我们全球酒店集团的一个标志。很明显,这个设计对我们的客人以及员工的情绪有着显著的影响。如果说芝加哥的建筑让我们懂得了建筑艺术,那么从事酒店设计和建设则让我们认识到建筑对人类行为的影响力。因此,在 1978 年,我们想到来表彰一些当代的建筑师。爸爸妈妈相信,设立一个有意义的奖,不仅能够鼓励和刺激公众对建筑的关注,同时能够在建筑界激发更大的创造力。我为能代表母亲和家里其他人为此继续努力而自豪。”

普立兹克建筑奖牌

以上这段话是凯悦基金会的现任主席,托马斯·J. 普立兹克在提及普立兹克建筑奖成立时做出的介绍。

1979 年,普立兹克建筑奖设立,成为国际最有权威和最公正的建筑奖项。这一切都归于 20 世纪 70 年代一个叫卡尔顿·史密斯的企业家。他从调查中发现公众对建筑艺术的了解都很肤浅,而从事建筑设计工作的人也并不被人尊重,为了提高这一群体的社会地位,卡尔顿便想到了成立一个奖项来改变这一现状的办法。当然,这是需要强大的资金做后盾的,好在这一设想得到了芝加哥最大家族之一的普立兹克家族的支持。说到这一家族,它的国际业务总部设在芝加哥,以支持教育、宗教、社会福利、科学、医学和文化活动而闻名。

凯悦集团总裁杰伊·普立兹克(Jay Pritzker)与妻子辛迪·普立兹克(Cindy Pritzker)夫妇就是这一奖项的首创者,他们共同设立了以普立兹克家族的姓氏命名的普立兹克建筑奖,并交由集团属下的凯悦基金会赞助并管理。

每年都会有一位在世的建筑师获得普立兹克奖,主要是为了表彰建筑师在建筑设计中所表现出的天才、远见和奉献,以及通过建筑艺术对建筑环境和人性做出持久而杰出的贡献。故而,这一奖项也被称作是建筑界的诺贝尔奖。

普立兹克奖的提名相对简单,且是全球范围的,举凡是有资格的建筑师都可以被提名,这也是为了给所有建筑师一个公平竞争的机会,但选评前的考察却很严格,不单是从蓝图、文字说明、图片描述上考察,更要依据建筑落成后的实地考察。时间的投入和资金的消耗也是这一奖项最大的特点,当然评委会也是不容小觑的,他们人数不多,但相对稳定。评审都来自不同的国家,他们并非是某方面的代表,但却都是独立工作的且不受任何制约,20 年来都高品质地完成自己的工作的人;对于获奖者,所得到的奖品则是 10 万美元奖金和一份获奖证书。1986 年起每位获奖者还会得到一座限量复制版的亨利·摩尔(Henry Moore)的雕塑,1987 年起又增加了一枚铜质奖章。

1979 年　第 1 届　菲利普·约翰逊(Philip Johnson)　美国
1980 年　第 2 届　路易斯·巴拉甘(Luis Barragán)　墨西哥
1981 年　第 3 届　詹姆斯·斯特林(James Stirling)　英国
1982 年　第 4 届　凯文·洛奇(Kevin Roche)　美国
1983 年　第 5 届　贝聿铭(Ieoh Ming Pei)　美国
1984 年　第 6 届　理查德·迈耶(Richard Meier)　美国
1985 年　第 7 届　汉斯·霍莱因(Hans Hollein)　奥地利
1986 年　第 8 届　戈特弗里德·伯姆(Gottfried Boehm)　德国
1987 年　第 9 届　丹下健三(Kenzo Tange)　日本
1988 年　第 10 届　戈登·邦沙夫特(Gordon Bunshaft)　美国
奥斯卡·尼迈耶(Oscar Niemeyer)　巴西
1989 年　第 11 届　弗兰克·盖里(Frank O. Gehry)　美国
1990 年　第 12 届　阿尔多·罗西(Aldo Rossi)　意大利
1991 年　第 13 届　罗伯特·文丘里(Robert Venturi)　美国
1992 年　第 14 届　阿尔瓦罗·西扎(Alvaro Siza)　葡萄牙
1993 年　第 15 届　槙文彦(Fumihiko Maki)　日本
1994 年　第 16 届　克里斯蒂昂·德·鲍赞巴克(Christian de Portzamparc)
法国
1995 年　第 17 届　安藤忠雄(Tadao Ando)　日本
1996 年　第 18 届　拉斐尔·莫尼欧(Rafael Moneo)　西班牙
1997 年　第 19 届　斯维尔·费恩(Sverre Fehn)　挪威
1998 年　第 20 届　伦佐·皮亚诺(Renzo Piano)　意大利
1999 年　第 21 届　诺曼·福斯特爵士(Sir Norman Foster)　英国
2000 年　第 22 届　雷姆·库哈斯(Rem Koolhaas)　荷兰
2001 年　第 23 届　杰奎斯·赫佐格格(Jacques Herzog)　瑞士
皮埃尔·德·梅隆(Pierre de Meuron)　瑞士
2002 年　第 24 届　格伦·穆科特(Glenn Murcutt)　澳大利亚
2003 年　第 25 届　约翰·伍重(Jørn Utzon)　丹麦
2004 年　第 26 届　萨哈·哈蒂(Zaha Hadid)　英国
2005 年　第 27 届　汤姆·梅恩(Thom Mayn)　美国
2006 年　第 28 届　保罗·门德斯·达·罗查(Paulo Mendes da Rocha)
巴西
2007 年　第 29 届　理查德·罗杰斯(Richard Rogers)　英国
2008 年　第 30 届　尚·努维尔(Jean Nouvel)　法国